园林绿化培训教材

董结实　宁春娟　主编

图书在版编目（CIP）数据

园林绿化培训教材 / 董结实，宁春娟主编. —天津：天津大学出版社，2020.9

ISBN 978-7-5618-6788-4

Ⅰ.①园… Ⅱ.①董… ②宁… Ⅲ.①园林-绿化-技术培训-教材 Ⅳ.①S731

中国版本图书馆CIP数据核字（2020）第189003号

Yuanlin lühua peixun jiaocai

出版发行 天津大学出版社
地　　址 天津市卫津路92号天津大学内（邮编：300072）
电　　话 发行部:022-27403647
网　　址 publish.tju.edu.cn
印　　刷 廊坊市海涛印刷有限公司
经　　销 全国各地新华书店
开　　本 185mm×260mm
印　　张 14.25　32页彩插
字　　数 399千
版　　次 2020年9月第1版
印　　次 2020年9月第1次
定　　价 48.00元

前　言

近年来，园林绿化事业飞速发展，对从业人员的素质提出了更高的要求。为了进一步提高园林绿化行业从业人员的理论水平和技术能力，特别是提高西安市机关事业单位技术工人的技能考核以及培训工作水准，根据国家人力资源和社会保障部《绿化工国家职业标准》和陕西省有关政策规定，结合西安市机关事业单位技术工人的实际情况，我们编写了技术工人培训教材《园林绿化培训教材》。

本教材遵循绿化工国家职业标准，贴近园林绿化产业发展现状，兼顾知识的系统性、技能的实用性，旨在为机关事业单位工勤技能岗位绿化工等级鉴定考核、园林绿化行业相关从业者组织培训和鉴定考核提供参考。

本教材按照绿化工考试大纲的理论知识和技能要求进行编写，具有易学、易懂、易掌握、易操作的特点，在保证知识的全面性上，还特别考虑西安市园林绿化行业的地域性，着眼于绿化工各等级岗位理论和技能的综合掌握，注重培养学习者解决问题的能力。

本教材分为两篇，第一篇为园林绿化知识，第二篇为职业道德与法律常识。第一篇包括园林植物基础知识、土壤肥料知识、园林植物病虫害知识、园林植物繁育知识、花卉学知识、园林绿地规划设计知识、园林绿化施工知识、园林绿化养护管理知识等内容。另外，为方便读者使用，书后附有部分树木和花卉图片，以便识别。

本教材由西安市园林技工学校组织编写。第一篇第一部分主要由刘秋芬编写，部分章节由赵翠、朱晓曦编写；第二部分由苏春辉编写；第三部分、第七部分由杜瑞编写；第四部分、第五部分主要由宁春娟编写，部分章节由赵翠编写；第六部分、第八部分由张忠编写。第二篇由王莉编写。书后附图片由赵翠、高森、陈捷整理提供。全书由宁春娟、赵翠统一审定。另外，本教材在编写过程中参阅借鉴了相关著作和研究成果，并得到了有关部门和同志的大力支持与帮助，在此一并表示衷心感谢！

由于编撰时间仓促、编者水平有限，本书难免有不足之处，敬请指正，以臻完善。

董结实

2019 年 11 月

目　　录

第一篇　园林绿化知识

第二篇　职业道德与法律常识

附　　录

第一篇
园林绿化知识

第一部分　园林植物基础知识

第一章　植物细胞

第一节　细胞的形态、结构和功能

一、细胞的概念

细胞是植物体结构和功能的基本单位。

二、细胞概述

植物体内各类细胞大小、形状、功能各不相同，但它们的内部结构却基本相同，都是由细胞壁、原生质体和液泡 3 部分组成的。

(一)细胞壁

细胞壁是植物细胞区别于动物细胞的特有构造，起保护作用，大体可分为胞间层、初生壁和次生壁三层。

(二)原生质体

原生质体是植物细胞内生命部分的总称。细胞的一切代谢活动都在原生质体里进行。

(三)液泡

液泡是植物细胞的显著特征之一。液泡内充满细胞液，其中富集各类物质，它们能使细胞液保持相当的浓度，以维持细胞的渗透压和膨压，有利于细胞保持一定的形状和进行正常的活动。此外，高浓度的细胞液对植物抗旱、抗寒和抗盐碱能力的提高具有一定的作用。

第二节　细胞的繁殖

植物个体的生长和繁衍都是细胞数目增加、体积增大以及功能分化的结果。细胞数目的增加是通过细胞分裂来实现的。细胞分裂是细胞的生命特征之一。细胞分裂有三种方式：无丝分裂、有丝分裂和减数分裂。

一、无丝分裂

无丝分裂又称直接分裂，分裂过程比较简单，常见于低等植物的繁殖或高等植物的愈合、不定根的产生。

二、有丝分裂

有丝分裂是高等植物细胞增殖最普遍的一种分裂方式。

三、减数分裂

减数分裂是植物在有性生殖过程中形成性细胞时的分裂方式。

第二章 植物组织的种类和功能

一、组织的概念

来源相同,形态结构一致,行使共同生理功能的细胞群称为组织。

二、组织的类型及功能

(一)分生组织

分生组织具有分生新细胞的特性,是产生和分化其他组织的基础。分生组织按位置的不同,可分为顶端分生组织、侧生分生组织、居间分生组织。

顶端分生组织位于根、茎顶端,使根茎进行伸长生长。

侧生分生组织位于根、茎内侧,使根茎进行加粗生长。

居间分生组织位于禾本科植物茎的节间基部,使植物的茎节不断伸长,俗称“拔节”。

(二)薄壁组织

薄壁组织是植物体内分布很广的一类组织,它遍布植物体的各处且与其他组织结合在一起,成为植物体的基本部分,所以又称为基本组织。根据其功能不同,薄壁组织又分为同化组织、贮藏组织、贮水组织和通气组织。

(三)保护组织

保护组织是覆盖在植物体表面起保护作用的组织,根据来源和形态特征的不同,可以分为两种类型:表皮和周皮。

(四)机械组织

机械组织在植物体内主要起机械支持作用,根据细胞形态和加厚方式的不同,可分为厚角组织和厚壁组织。

(五)输导组织

输导组织的机能是长距离运输植物体内的水分和营养物质,其贯穿植物体的各个器官中,彼此联系形成一个复杂而完善的运输系统。

根据运输物质的不同,输导组织可分为两类:一类是输送水分和溶于其中的无机盐的导管和管胞;另一类是输送有机养分的筛管和筛胞。

(六)分泌组织

植物体内有些细胞可以产生一些特殊的物质,如树脂、蜜汁、乳汁、精油和黏液等,这些细胞称为分泌细胞,由分泌细胞组成的组织称为分泌组织。

根据分泌物是保存在植物体内还是分泌到体外,分泌组织可分成外部分泌结构和内部分泌结构两类。

第三章 植物的营养器官

由若干个不同的组织构成，具有一定形状构造和执行某种生理功能的一部分植物体，叫作植物的一个器官。如根、茎、叶主要是进行营养生长的器官，故称为营养器官；花、果实和种子主要是完成种族延续，即繁衍后代的器官，故称为植物的繁殖器官。

第一节 植物的根

一、根的功能与形态

（一）根的功能

根具有以下4个功能。

（1）吸收、输导和贮藏。

（2）支持和固着。

（3）合成和分泌。

（4）繁殖。

（二）根的一般形态

1. 根的类型

根可以分为主根与侧根、定根与不定根。

2. 根系的类型

根系可以分为直根系和须根系。

二、根的变态

（一）变态的概念

有些植物在长期的演化发展进程中，为了适应已经改变了的生活环境，一部分营养器官的形态、结构和生理功能发生了变化，并能遗传给后代。营养器官的这种变化称为变态。

（二）根变态的种类

植物的根为了适应已经改变了的生活环境，其形态、结构和生理功能发生可遗传的变化，这种变化称为根变态。

根变态有以下类型：贮藏根、支柱根、板根、气生根、寄生根、攀缘根、呼吸根等。

三、根瘤与菌根

1. 根瘤

豆科植物的根上有各种形状的小瘤状突起，称为根瘤。它是由生活在土壤中的根瘤细菌侵入根内而产生的。根瘤菌具有固氮作用。

2. 菌根

高等植物的根可以与土壤中的某些真菌共生，这种与真菌共生的幼根，称为菌根。菌根能加强根的吸收能力，从而提高植物的成活率。

第二节　植物的茎

一、茎的功能

茎具有以下 4 个功能。

(1)支持作用。

(2)输导作用。

(3)贮藏作用。

(4)繁殖作用。

二、茎的形态

(一)茎的基本形态

茎的外形多呈圆柱形,也有少数植物的茎呈其他形状,如三棱形、方形、扁圆形等。

节:茎上着生叶的部位。

节间:相邻两节之间的部位。

叶痕:木本植物叶片脱落后,在茎上留下的痕迹。

维管束痕:叶痕内的点线突起,是茎与叶柄间维管束断离后留下的痕迹。

芽鳞痕:芽萌发后芽鳞脱落留下的痕迹。

皮孔:木质茎内组织与外界气体交换的通道。

(二)芽及其类型

芽是未发育的枝条、花或花序的原始体。

按照芽的着生位置、性质、结构和生理状态等标准,可将芽进行分类。

1. 按位置分类

根据芽的着生位置划分,芽可分为定芽和不定芽。

1)定芽

定芽是指有固定的着生位置的芽,分为顶芽和腋芽(或侧芽)两类。

2)不定芽

不定芽是从老根、茎和叶,特别是创伤部位产生的芽,因它们没有固定的着生部位,故称为不定芽。

2. 按性质分类

根据发育后形成的器官划分,芽可分为叶芽、花芽和混合芽。

1)叶芽

发育后形成营养枝的芽称为叶芽。

2)花芽

发育后形成花或花序的芽称为花芽。

3)混合芽

发育后既形成花又形成营养枝的芽称为混合芽。

在同一植株上,花芽和混合芽通常比较肥大,而叶芽比较瘦小。

3. 按结构分类

根据芽的结构特征划分，芽可分为裸芽和鳞芽。

1）裸芽

外面只有幼叶包裹而没有芽鳞片保护的芽称为裸芽。

2）鳞芽

外面有芽鳞片保护的芽称为鳞芽。

4. 按生理状态分类

根据芽的生理状态划分，芽可分为活动芽和休眠芽。

1）活动芽

能在当年生长季节中萌发的芽称为活动芽。

2）休眠芽

许多分布在温带的多年生植物，其枝条中下部的一些芽，到第二年的生长季节仍继续休眠，这种芽称为休眠芽（也称为隐芽或潜伏芽）。

（三）茎的分枝

分枝是植物的基本特征之一，是植物生长的普遍现象。高等植物常见的分枝方式有二叉分枝、单轴分枝、合轴分枝和假二叉分枝。

1. 二叉分枝

二叉分枝由顶端分生组织一分为二，每一半形成一个分枝，经过一定生长时期，又进行同样的分枝。

2. 单轴分枝

顶芽不断向上生长，长势旺盛，形成发达的主干。同时，腋芽也发展成侧枝，侧枝再分枝，但各级分枝生长均远不如主干粗壮。

3. 合轴分枝

顶芽活动一段时间后，生长缓慢乃至死亡，或分化为花芽，由位于顶芽下方的腋芽代替顶芽，继续发育，形成一段枝条。以后，这种分枝上的顶芽又停止发育，由它下方的腋芽来代替，如此重复生长。这种主干是由许多腋芽发育而成的侧枝联合组成的。这种分枝方式称为合轴分枝。

4. 假二叉分枝

顶芽停止生长或顶芽分化为花芽后，由近顶端的两个对生的腋芽同时发育伸展而形成的叉状分枝，叫假二叉分枝。

（四）茎的种类

不同植物的茎在长期的进化过程中为适应不同的环境条件，具有各自的生长习性。根据生长习性的不同，茎可以分为直立茎、缠绕茎、攀缘茎和匍匐茎4类。

1. 直立茎

直立茎背地性生长，直立。

2. 缠绕茎

缠绕茎较柔软,不能直立,以茎本身缠绕其他物体上升。

3. 攀缘茎

攀缘茎细长、柔弱,不能直立,常发育出特有的结构攀缘其他物体上升。

有缠绕茎和攀缘茎的植物,统称为藤本植物。

4. 匍匐茎

匍匐茎是平卧在地上蔓延生长的茎。

三、茎的变态

在长期发展进化中,某些植物的茎或茎的一部分,其形态构造和生理功能发生了变化,形成茎的变态。茎变态可根据生长在地上或地下,分为地上茎的变态和地下茎的变态两大类。

地上茎的变态表现为叶状茎、茎卷须、茎刺等。

地下茎的变态表现为根状茎、贮藏茎等。

第三节 植物的叶

一、叶的组成及功能

(一)叶的生理功能

叶的基本功能包括光合作用和蒸腾作用。

叶的其他功能包括吸收作用、繁殖作用和贮藏作用。

(二)叶的组成

植物的叶一般由叶片、叶柄和托叶三部分组成。

二、叶的形态

(一)叶序和叶质

1. 叶序

叶在茎上的排列方式称为叶序,有互生、对生、轮生、簇生和基生 5 种类型。

2. 叶质

一般常见的叶质有革质、草质、纸质和肉质 4 种类型。

(二)单叶与复叶

在一个叶柄上只生一枚叶称为单叶,生有多枚小叶称为复叶。复叶的叶柄称为叶轴或总叶柄。叶轴上着生的许多叶称为小叶。小叶的叶柄称为小叶柄,叶片称为小叶片。根据小叶排列方式的不同,复叶又分为以下类型。

1. 羽状复叶

小叶在叶轴两侧排列成羽毛状的复叶称为羽状复叶。依小叶数目不同,羽状复叶又分为奇数羽状复叶和偶数羽状复叶。又根据叶轴分枝与否,再分为一回、二回、三回及多回羽状复叶,如月季、刺槐、合欢、南天竹的叶等。

2. 掌状复叶

多枚小叶皆着生于叶轴顶端，排列如掌状的复叶称为掌状复叶，如七叶树的叶。

3. 三出复叶

叶轴上着生 3 枚小叶的复叶特称为三出复叶。如果 3 个小叶柄都是等长的，称为掌状三出复叶，如橡胶树、酢浆草的叶。顶端小叶柄较长的三出复叶称为羽状三出复叶，如苜蓿、大豆的叶等。

4. 单身复叶

外形像单叶，但两个侧生小叶退化成翅状，总叶柄与顶生小叶连接处有关节的复叶称为单身复叶，如柑橘、橙的叶。

（三）叶的形态

1. 叶形、叶缘、叶尖和叶基

1）叶形

叶片的形状主要是以叶的长度和宽度的比例和最宽的部位来决定的。基本形状有线形、披针形、椭圆形、卵形、菱形、心形和肾形等。此外，还有其他形状，如圆形、扇形、三角形和剑形等。

2）叶缘

在叶片生长时，叶的边缘生长或以均一的速度进行，或生长速度不均，结果出现不同形状的叶缘。常见的有全缘、波状、齿状和缺刻。

3）叶尖

叶尖主要指叶的先端部分，其类型主要有渐尖、急尖、尾尖、钝尖、截形、短尖、微凹、倒心形。

4）叶基

叶基主要指叶的基部，其类型主要有心形、耳垂形、箭形、楔形、戟形、圆形、下延形、偏斜形。

2. 叶脉及脉序

叶脉由贯穿在叶肉内的维管束和其他有关组织组成，是叶内的输导组织和支持结构。叶脉通过叶柄与茎内的维管组织相连。叶脉在叶片上的分布规律称为脉序。脉序主要有平行脉、网状脉和叉状脉 3 种类型。

三、叶的变态

叶着生在植物的茎节上，是植物的重要营养器官，具有特定的生理功能。但是，由于长期适应环境条件的变化，某些植物叶的形态和功能也发生了变异，称为叶的变态。根据变态叶功能不同，可将叶变态分为芽鳞、苞片和总苞、叶刺、叶卷须、捕虫叶、叶状柄和贮藏叶等。

第四章　植物的繁殖器官

第一节　植物的花

一、花的发育及组成部分

所谓花是由节间极度缩短而叶变态成为花的各个组成部分，以适应生殖功能的变态枝条。

一朵典型的花由花梗、花托、花萼、花冠、雄蕊群和雌蕊群组成。

（一）花梗

花梗或称花柄，是连接花与茎的小柄，其结构与茎相似。花梗主要起支持花的作用，也是各种营养物质由茎向花输送的通道。果实成熟时，花梗成为果柄。

（二）花托

花托位于花梗顶端，形状随植物种类而异，通常为花梗顶端略微膨大的部分，也有显著膨大而成各种形状的。例如白玉兰的花托呈圆柱状；草莓的花托呈圆锥状并肉质化；莲的花托呈倒圆锥状，俗称莲蓬；桃的花托呈杯状；梨的花托呈壶状。

（三）花萼

花的最外一轮变态叶总称花萼，其每一片称为萼片。萼片结构与叶相似，通常呈绿色，可进行光合作用。有些植物的萼片大而且具有色彩，类似花瓣，如海州常山，有吸引昆虫传粉的作用。有些植物的花萼基部向外侧延伸形成细小中空的短管，称为距，如凤仙花、旱金莲。有些植物在花萼外面还有一轮萼状变态叶，称为副萼，如棉花、木槿和草莓等。

花萼分类如下。

1. 离萼和合萼

离萼类的萼片彼此完全分离，如羽衣甘蓝、桃。合萼类的萼片之间多合生，彼此联合成整体，其基部联合的部分称为萼筒，上部分离的部分称为萼裂片，如一串红、杜鹃花。

2. 早落萼与宿存萼

通常早于花冠脱落，或花后与花冠一起脱落的花萼称为早落萼，如桃、梅。但也有些植物的花萼花后留存直至果实成熟并随之增大，这种花萼称为宿存萼，如茄、柿、石榴和棉花。有些植物的花萼变成冠毛，有助于果实的散布，如蒲公英。

3. 整齐萼与不整齐萼

前者萼片大小相同，如月季、倒挂金钟；后者萼片大小不相同，如一串红。

（四）花冠

花冠是花的第二轮变态叶的总称，其每一被片称为花瓣。花瓣通常比萼片大。很多植物的花冠，由于细胞含有花青素和有色体呈现各种颜色。花瓣表皮细胞常含各种挥发油，使花冠散发出各种特殊香气。花冠是花的最显著部分，除具有保护雌蕊、雄蕊的作用外，它的色彩和香气还具有吸引昆虫帮助传送花粉的作用。

花冠按花瓣分离结合情况分为离瓣和合瓣两种类型。离瓣花冠的花瓣彼此完全分离，这种花称为离瓣花，如樱花、桃和广玉兰。合瓣花冠的花瓣下部合生或全部合生，合生部分称为花冠筒，上端分离的部分称为花冠裂片，这种花也称为合瓣花，如牵牛花、杜鹃花。

花冠按经花朵的中心有几个对称轴面分为整齐和不整齐两类花冠。整齐花冠又称辐射对称花冠，花冠经花朵的中心有 2 个以上对称轴面，如油菜花、桃花；不整齐花冠又称两侧对称花冠，如一串红、金银花和杜鹃花。

1. 整齐花冠的分类

整齐花冠有以下类型。

（1）十字花冠：花冠由 4 枚花瓣组成，两两相对地排列成十字形，为十字花科植物特有的花冠类型。

（2）石竹花冠：花冠由 5 枚花瓣组成，花瓣上部平展，下部具有细长的柄（称为爪），两者几成直角，如石竹。

（3）蔷薇花冠：花冠由 5 枚分离的花瓣组成，瓣无爪，如月季。

（4）管状花冠：花冠筒管状，先端 5 浅裂，如菊科植物头状花冠中央的两性花。

（5）漏斗状花冠：花冠先端不裂，下部管状，上部逐渐扩大成漏斗状，如牵牛花。

（6）钟状花冠：冠短而阔，上部扩大成钟形，如桔梗、金钟花。

2. 不整齐花冠的分类

不整齐花冠有以下类型。

（1）蝶形花冠：花冠由 5 枚分离的花瓣组成，最上 1 瓣为旗瓣，侧面 2 瓣为翼瓣，最下 2 瓣为龙骨瓣，如紫藤。

（2）唇形花冠：花冠先端裂成上下唇，一般上唇 2 裂，下唇 3 裂，如一串红。

（3）舌状花冠：花冠管状，先端展开成平面，似舌，如菊科植物头状花序的缘花。

（4）有距花冠：花冠中有一枚花瓣基部向下延长呈囊状（称为距），如三色堇。

（五）雄蕊群

一朵花中所有的雄蕊总称雄蕊群。雄蕊位于花冠以内，一般着生在花托上。雄蕊由花丝和花药两部分组成。花丝是支持花药的小柄，其粗细长短随植物种类而异。花药是位于花丝顶端膨大成囊状的部分，是产生花粉的部位。雄蕊数目随植物种类而不同，常见的有四强雄蕊、二强雄蕊、聚药雄蕊、单体雄蕊、二体雄蕊和多体雄蕊。

（六）雌蕊群

一朵花中所有的雌蕊总称雌蕊群。多数植物的花只有一枚雌蕊。雌蕊位于花的最中央。从来源上讲，雌蕊可由一个或多个心皮卷合而成，心皮是构成雌蕊的基本单位。发育完全的雌蕊由柱头、花柱和子房 3 部分组成。其类型有单雌蕊、离生单雌蕊和复雌蕊 3 种。

二、花序

花可以单生于枝顶或叶腋部位，如玉兰、牡丹和桃等，称为花单生。而许多植物的花依一定的方式和顺序排列于总花柄上，形成花序。花序可分为无限花序和有限花序两大类。

（一）无限花序

在开花期，无限花序的花轴可继续向上生长、伸长，并不断产生花芽，所以也称单轴花序。开花顺序是，花轴基部的花最先开放，然后向顶端依次开放。如果花轴缩短，各花密集，则花从边缘向中央依次开放。

无限花序的类型有：总状花序、伞房花序、伞形花序、穗状花序、柔荑花序、肉穗花序、头状花序和隐头花序。

（二）有限花序

有限花序的开花顺序是花序顶端的花先开，基部的花后开，或者是花序中央的花先开，边缘的花后开，花序轴顶较早丧失顶端生长能力，不能继续向上延伸。

有限花序的类型有：单歧聚伞花序、二歧聚伞花序和多歧聚伞花序。

三、开花、传粉和受精

（一）开花

自植株第一朵花开放至最后一朵花凋谢所经历的全部时间，叫该植物的花期。

（二）传粉

传粉分为自花传粉和异花传粉。

1. 自花传粉

在两性花中，雄蕊的花粉落到同一朵花的雌蕊的柱头上，叫自花传粉。

2. 异花传粉

一朵花的花粉传到另一朵花雌蕊的柱头上，称为异花传粉。

植物传粉，必须借助一定的媒介，在自然条件下，花粉主要靠风力和昆虫传播。

靠风传粉的植物叫风媒植物，它的花叫风媒花，如核桃、杨树等。靠昆虫传粉的植物叫虫媒植物，如各类果树。

风媒花和虫媒花的特点分别如下。风媒花的花小，没有美丽的花冠，不具香气或蜜汁，花粉小、多而轻，花粉粒表面光滑，互不粘连，其雌蕊柱头大，常呈羽毛状扇形，便于在空中捕获花粉。虫媒花常有美丽的花冠，或具香气，或分泌蜜汁，以吸引昆虫，它的花粉较少，花粉粒表面粗糙，有黏性，易黏着于昆虫体毛上借以传粉。

（三）双受精

被子植物种子中的胚和胚乳都是受精得来的，而这个过程叫双受精过程。

第二节　植物的果实

一、果实的来源和构造

经过开花、传粉和受精之后，在胚珠发育为种子的同时，花的各部分都发生显著的变化。花萼枯萎脱落或宿存，花瓣和雄蕊凋谢，雌蕊的柱头、花柱枯萎，而子房却在传粉受精作用以及种子形成过程中不断生长、发育、膨大形成果实，花柄则成为果柄。果实由种子和果皮构成。

有些植物的果实单纯由子房发育而成，这种果实称为真果，如柑橘、桃和合欢的果实。

有些植物的果实,除子房外,还有花托、花萼甚至整个花序都参与发育形成,这类果实称为假果,如苹果、梨、菠萝和瓜类等的果实。

真果的结构比较简单,外为果皮,内含种子。果皮是由子房壁发育而成的,可分为外果皮、中果皮和内果皮三层。假果的结构较为复杂,除由子房发育而成的果皮外,还有其他部分参与形成果实。

二、果实的类型

根据果实是由单花或花序形成,或以雌蕊的类型来分,果实可分为单果、聚合果和聚花果3类。单果在植物界很普遍,是由单雌蕊发育而成的果实。聚合果是由一朵花中的许多离生单雌蕊聚生在花托上,发育后每一个雌蕊形成一个小果,许多小果聚集在同一花托上,如莲、草莓、玉兰、八角和芍药等植物的果实。聚花果是由整个花序发育成的果实。如菠萝的果实由许多花聚生在肉质花轴上发育而成;无花果的肉质花轴内陷成囊状,囊内壁上着生许多小果。

果实的分类主要还是根据果皮的性质及成熟后是否开裂来划分,分为肉果和干果两大类。

1)肉果

果实成熟时,肉质多汁,供食用的果实大部分是肉果。依果皮来源和性质不同,肉果又分为浆果、瓠果、柑果、核果和梨果。

2)干果

果实成熟时,果皮干燥,有的自行开裂,称为裂果;有的不开裂,称为闭果。根据心皮结构的不同,干果又可分为以下类型。

(1)裂果:荚果、蓇葖果、蒴果、角果。

(2)闭果:瘦果、颖果、坚果、翅果、双悬果。

第三节　植物的种子

一、种子的基本结构

植物种类不同,其种子的形状、大小和颜色差异很大,但它们的基本结构都是相同的,即种子一般由胚、胚乳和种皮三部分组成,有的种子仅有胚和种皮两部分。

胚是种子的最重要部分,新植物体就是由胚发育而成的。胚包括胚根、胚芽、胚轴和子叶四部分。胚乳是种子内储藏营养物质的场所。贮藏物质主要是淀粉、脂类和蛋白质。种皮是种子外面的保护结构。种皮的厚薄、质地和层数,因植物的种类不同而异。

二、种子的基本类型

根据成熟种子是否具有胚乳及子叶的数目,将被子植物的种子分为双子叶植物有胚乳种子、单子叶植物有胚乳种子、双子叶植物无胚乳种子和单子叶植物无胚乳种子。

第五章 植物生理基础知识

第一节 植物的水分代谢

一、水分代谢

植物从环境中不断地吸收水分,以满足其正常生活的需要,同时又不可避免地向外界环境丢失大量的水分。这种水分交换作用称为植物的水分代谢。

二、水在植物生活中的意义

(1)水是原生质的重要成分。

(2)水是一些代谢过程的原料。

(3)水是植物代谢过程的介质。

(4)水能使植物保持固有的姿态。

(5)水能调节植物的体温。

三、根的吸水动力

植物根吸水主要有三种动力,具体如下。

(1)根压:靠根本身的代谢活动引起的主动吸水。

(2)蒸腾拉力:靠植物地上部分的蒸腾作用产生的拉力引起的被动吸水。

(3)水分之间的内聚力。

四、水分在植物体内的运输途径

水分在植物体内运输的途径可表示如下:土壤中的水分→根毛→根的皮层→根的导管→茎的导管→叶柄导管→叶肉细胞→叶肉细胞间隙→气室→气孔→空气中。

第二节 植物的光合作用

一、光合作用的概念

光合作用是植物体的叶绿素吸收光能,将二氧化碳和水制造成有机物,放出氧气,同时把光能转变成化学能,贮藏在有机物里的过程。

二、光合作用的意义

(1)光合作用把无机物转化为有机物。

(2)光合作用将光能贮藏在有机物中。

(3)光合作用释放出氧气。

三、植物体内的色素种类

一般绿色植物的叶绿体含有以下四种色素。

(1)叶绿素 a:蓝绿色。

(2)叶绿素 b:黄绿色。

(3)胡萝卜素:橙黄色。

（4）叶黄素:金黄色。

（5）花青素:红、紫、蓝。

第三节　植物的呼吸作用

呼吸作用是细胞内的有机物在一系列酶的作用下,逐步氧化分解,释放能量的过程。呼吸作用是在线粒体中进行的。线粒体被喻为“细胞内的动力工厂”。

第四节　植物的生长

一、生长大周期

在植物的一生中,不论是个别器官还是整株植物,其生长速度都表现出“慢—快—慢”的基本规律,即开始时生长缓慢,以后逐渐加快,达到最高点,然后生长速度又减慢以至停止。我们把生长的这三个阶段总合起来叫作生长大周期。

二、季节周期

多年生植物的营养生长,都或多或少地表现出明显的季节性变化,称为季节周期。

三、昼夜周期

植物的生长,一般有白天慢、夜间快的现象,称为昼夜周期。

四、根生长的周期性

植物根的生长,也有明显的季节性,春季生长较快且多,夏季生长较慢,秋季生长减慢,冬季生长近乎停止。

五、根的向性运动

根的向性运动可分为向地性、向水性、向温性和向化性。

六、顶端优势

顶端优势是指植物的顶端生长始终占优势的现象。

第五节　植物激素及其应用

一、植物激素的种类

植物激素是植物自身代谢产生的一类有机物,并从产生部位移动到作用部位。植物激素有生长素、赤霉素、细胞分裂素、脱落酸、乙烯五种。

二、主要作用

各种植物激素的主要作用分别如下。

（1）生长素、赤霉素和细胞分裂素主要是促进细胞分裂和生长。

（2）脱落酸又名休眠素,主要作用是促进植物的休眠和器官的脱落。

（3）乙烯是“气体激素”,基本功能是催熟作用,在生产上常称为“成熟激素”。

三、植物生长调节剂

植物生长调节剂是人工合成的对植物的生长发育有调节作用的化学物质,如壮苗剂、生根粉、矮壮素、坐果灵、除草剂等。植物生长调节剂在使用时,应综合考虑使用的目的、效果、药物残留、价格、使用方法是否合适、方便等。

第六章 园林树木基础知识

第一节 园林树木的作用和分类

我国地大物博，位于欧亚大陆东部、太平洋西岸，面积 960 万 km^2，地形、地貌复杂，有山脉、河流、高原、平原、盆地，气候、土壤、植被类型多样，有着极为丰富的植物资源，从而为园林绿化提供了宝贵的素材。

一、园林树木的概念

园林树木是指适合于各种风景名胜区、休疗养胜地、城乡各类型园林绿地应用的木本植物。它包括乔木、灌木和藤本植物。

二、园林树木的作用

园林树木具有保护和改善环境、美化环境、生产方面的三大功能。

（一）保护和改善环境的作用

工业化程度的提高、人口的增长、城市化水平的加快，特别是空气污染、水土流失、河流淤积、沙漠扩大，使得环境污染越来越严重，人类生存的环境越来越恶劣。而植物能够起到保护和改善环境的作用。

1. 保护环境

1）净化空气

植物吸收 CO_2，放出 O_2。园林树木通过光合作用，使空气中的 CO_2 和 O_2 始终保持平衡状态。

2）吸收有害气体

植物能够吸收有害气体，如 SO_2、Cl_2、HF 等，减少大气污染。

3）滞尘作用

空气中有烟尘、粉尘等的污染。园林树木浓密的枝叶相当于一个过滤器，能吸附、阻挡和吸收尘埃。一般树冠庞大、枝叶浓密、叶面积大、多毛粗糙或分泌油脂和黏液的植物阻滞尘埃的能力较强。

4）杀菌作用

部分树木（特别是含芳香油的植物）如桉树、肉桂、香樟、花椒、柏类、松类、胡桃、女贞、桂花等，能分泌出挥发性物质，可消灭细菌、净化空气。

5）减弱噪声

城市中充满各种噪声，70 分贝噪声即对人体有害。树木具有降低噪声的功能，如城市行道树可降低噪声 3~5 分贝，30 m 宽的杂树林可降低噪声 8~10 分贝，4 m 宽的绿篱可降低噪声 6 分贝。

2. 改善环境

1）改善温度条件

树木具有遮阴、降低热辐射、促进空气对流的作用。“大树下面好乘凉”就是这个道理。夏天树荫下温度比地面约低 16 ℃，草地比裸地低 3 ℃。

2）改善空气湿度

植物可增加空气湿度。种植 1 000 株杨树相当于洒 500 t 水（蒸腾作用），林区湿度比旷地高 15%~25%，形成“森林降雨”。

3）防风固沙

四旁（村旁、路旁、水旁、宅旁）绿化、建设防风林带、堤坝绿化都是为了发挥森林的防风固沙作用。如林内距林边 30~50 m 处，风速减小 1/3；距林边 200 m 处，已无风。

4）控制水土流失，涵养水源

树木具有很强的保水能力，可以通过林冠截流、枯枝落叶层的吸附渗透和庞大根系的蓄积达到此目的。

中国正在实施“三北防护林工程”“长江中上游水源涵养林”等重大生态工程。

5）监测环境

一般环境监测主要是利用对污染物敏感的植物，如藻类、苔藓、地衣、草本植物及部分乔灌木等进行。这类对污染物有监测功能的树种称为监测树种。各类污染物对应的监测树种如：

SO_2，黄槐、杏、紫丁香；HF，杏、葡萄、松、槭；

Cl_2，女贞、臭椿、桃；O_3，女贞、梓树、皂荚。

（二）美化环境的作用

可以从以下三个方面去理解园林的美化作用。

1. 园林树木的直观美

它是指人们通过园林树木的形体、姿态、色彩等特征而感受到的美。

2. 园林树木的寓意美

它是指人们通过联想才能感受到的美。寓意美是一种层次、境界更高的美。

将植物拟人化即通过植物来传达人的感情和愿望，用植物代表人的精神、情操等。如：称松、竹、梅为“岁寒三友”，称梅、兰、竹、菊为“四君子”。

3. 园林树木的抽象美

它是指人们通过感官接触园林树木时所产生的一种心理方面的效果。如：勃勃的生命力、自然的清新感等。

（三）生产方面的作用

园林树木的生产功能是指园林树木可产生物质财富、创造经济价值的作用。

虽然园林树木有一定的生产功能，从园林树木可获得一些产品，但是不能片面地强调园林树木的生产功能，把园林变成果园或药材圃。园林树木的功能应以美化、保护和改善环境功能为主，生产功能为辅，二者综合考虑。

三、园林树木的分类

（一）按性状分类

按性状分类，园林树木可分为乔木类、灌木类、藤本类。

（二）按对环境因子适应能力分类

（1）喜温树种、中性树种、耐寒树种。

（2）耐旱树种、中生树种、耐湿树种。

（3）阳性树种、中性树种、阴性树种。

（4）酸性土树种、中性土树种、钙质土树种。

（三）按观赏特性分类

按观赏特性分类，园林树木可分为观树形类、观枝干类、观根类、观叶类、观花类、观果类。

（四）按园林中的用途分类

按园林中的用途分类，园林树木可分为独赏类、行道树类、防护类、林丛类、花木类、藤木类、绿篱类、地被类、桩景类、装饰类（插花）。

第二节 园林树木的物候特性

一、物候概念

（一）物候

物候是指自然界中的生物和非生物受气候和其他环境因素的影响而出现的现象，如植物的萌芽、展叶、开花、结果；候鸟的南来北往；自然界的刮风下雨、下雪结冰、潮汐等。

（二）物候期

动植物的生长、发育、活动等规律能随气候变化而变化，人们把可通过这些动态变化来认识、反映气候变化的规律称为“物候期”。

（三）园林树木的物候

园林树木的物候是指园林树木受气候和其他环境因素的影响而出现的现象，如芽的膨大、展叶、开花、结果、落叶等。

二、物候观测的内容

物候观测就是把一年中出现这种现象的日期记录下来，年年进行观测记录，积累下来的资料是物候观测资料。

物候观测内容包括发芽期、花期、生长期、果熟期、落叶期等。

三、研究物候的意义

研究物候对研究古地理、古气候、园林树木种植设计、栽培管理及农林病害虫防治等方面均有重要意义。

四、物候变化的规律性

（一）南北差异

同一物候期越向北越迟，但落叶期相反。

（二）东西差异

同一物候期在海洋性气候下来得早，在大陆性气候下来得迟。

（三）高下差异

海拔越高物候期出现得越迟，而落叶、果熟期相反。白居易《游（庐山）大林寺序》有诗云："人间四月芳菲尽，山寺桃花始盛开。"

（四）古今差异

物候期古代与今日不同，这与太阳黑子的活动有关。

第三节　园林树木与生态环境的关系

环境是指植物所生活的空间。环境包括气候因子（温度、水分、光照、空气等）、土壤因子、地形地势因子、生物因子及城市环境因子等方面。

一、温度因子

温度因子主要是由地理纬度（太阳辐射）决定的。温度因子对植物的生长发育有直接的影响。温度有季节性变化、昼夜变化和突然变化。

温度对植物生长发育的影响有以下两个方面。

1. 有利方面

适宜的温度可以维持和促进植物生长发育（发芽、生长、开花、结果）。

2. 有害方面

有害方面体现在寒害（0 ℃以上使植物受害，热带植物）、霜害（0 ℃时水汽会在植物表面凝结成霜，主要影响根茎）、冻害（0 ℃以下受害，胞间隙结冰）。

根据树木天然分布区温度高低状况，可将树种分为热带树种、亚热带树种、温带树种、寒带树种。

低温对树木的伤害表现为寒害、霜害、冻害。

高温对树木的伤害：①高温破坏了植物体内的新陈代谢；②高温使蛋白质凝固；③高温造成物理伤害如灼烧等。

北树南移、南树北移的影响表现在：许多南方树种北移后，往往受到冻害或被冻死；而北方树种南移后，则因为冬季不够寒冷而出现花芽分化晚和不能正常开花等现象，或病虫害较多，造成生长不良，甚至死亡。

二、水分因子

水分对植物的影响有以下两个方面。

1. 有利方面

植物一生都需要水分，植物的生长发育都是在有水的条件下进行的，没有水，树木就不可能生存。

2. 有害方面

有害方面表现为雪、冰雹、雨凇、雾凇。

根据树种对水分的要求不同，可将园林树木分为以下几种。

1)旱生树种

旱生树种是指能生长在干旱地带,具有高度耐旱能力的树种。如柽柳、沙地柏、沙拐枣、沙棘、山杏等。旱生树种一般叶面积较小,具有深根性。

2)中生树种

中生树种是介于旱生树种和湿生树种之间的树种。大部分植物属于这种类型。

3)湿生树种

湿生树种是指能够在土壤含水量高的潮湿环境中生长,甚至能耐水淹的树种。如池杉、水松、落羽杉、柳树、枫杨等。

三、光照因子

根据植物对光照因子的适应能力,可以有以下两种分类方式。

(一)按光周期分类

每日的光照时数与黑暗时数交替即光周期,它对植物开花有影响。按光周期,植物可分为以下三类。

(1)长日照植物,日照时数 >14 h。

(2)短日照植物,日照时数 <12 h。

(3)中日照植物,昼夜长短近于相等。

(二)按光照强度分类

1)阳性树种

阳性树种又称为喜光树种,是指在强光条件下才能生长发育健壮的树种。如落叶松、杉、柳、银杏等许多观花树种以及落叶阔叶树种等。

2)阴性树种

阴性树种是指在光线较弱的背阳条件下生长发育良好、具有较高的耐阴能力的树种。如云杉、红豆杉、金银木、珍珠梅、八角金盘、洒金珊瑚等。

3)中性树种

中性树种是指在充足的光照下生长最好,稍受荫蔽亦不致受损害或在幼苗期较耐阴,随着年龄的增长逐渐表现出不同程度的喜光特性的树种。如桧柏、侧柏、樟树、七叶树、核桃、元宝枫、毛竹、山茶等。

阳性树和阴性树的识别要点如下。

(1)针叶树叶针形的多阳性,披针形、鳞形的多阴性。

(2)阔叶树中落叶树多阳性,常绿树多阴性。

(3)枝叶稀疏的多阳性,枝叶茂密的多阴性。

(4)叶片较薄、叶色较淡的多阳性,叶片较厚、叶色较深的多阴性。

四、空气因子

空气因子主要包括风和污染物。

(一)风

风对传粉受精、传播果实和种子有利,但也会造成风折、风倒、偏冠、偏干等现象。

（二）污染物

大气污染物包括：粉尘、氧化物（O_3、CO）、硫化物（SO_3、SO_2、H_2S）、酸碱物质（HF、HCL、HCN、H_2SO_4）、氮化物（NO、NO_2、NH_4）、有机毒物（乙烯、Cl_2）等。

各种植物对污染物的抗性各异，如刺槐、臭椿抗 SO_2；银杏、柳杉抗 O_3；泡桐、悬铃木抗氟化物；构树、紫荆抗 Cl_2 等。

五、土壤因子

土壤是植物之母，土壤的肥力、结构、质地、通气状况、pH 值、母质等特征均对植物有很大影响。

根据树木对土壤酸碱度的适应能力，通常将树木分为以下三类。

（1）酸性土树种，pH 值 <6.5，如马尾松、山茶、杜鹃、红松、栀子等。

（2）中性土树种，pH 值为 6.5~7.5，如杨树、柳树、梧桐等大部分树种。

（3）钙质土树种，pH 值 >7.5，如柽柳、胡杨、沙棘、紫穗槐、侧柏、南天竹、棕竹等。

六、地形地势因子

地形地势因子通过改变温度和水分因子而间接影响植物。地形地势因子包括海拔、坡向、坡度等。

七、生物因子

植物生存的环境中，存在着植物与植物间、植物与其他生物间错综复杂的关系，具体如下。

（1）有利（对一方有利），如蚯蚓、固氮菌、菌根。

（2）互利，如地衣，与藻、菌共生。

（3）抑制，如附生植物对附主、分泌物、寄生。高等的寄生植物如菟丝子可使大豆减产。将苹果树种在核桃树附近则苹果树会受到核桃叶分泌出核桃醌的影响而发生毒害。

（4）有害，如绞杀植物、菌类寄主。有些附生植物可成为绞杀植物使附主死亡，如热带雨林中的绞杀榕、鸭脚木等。

环境中的生物因子对植物的作用并不是孤立的，而是综合起作用的，但在某一个阶段必有一个主导因子。

八、城市环境因子

（一）气候特点

昼夜温差小，夏热冬冷，有“热岛效应”；春、秋季温暖，物候早，湿度低，日照时间短，城市风等。

（二）水体特点

进水、排水系统复杂，水体污染严重。

（三）土壤特点

土壤类型复杂而多样，通气性能差，肥力差，被污染。

（四）空气特点

空气污染物增多，包括微尘、细菌及其他污染物。

（五）建筑方位和组合

建筑方位和组合（类似于地形地势因子）间接影响植物生长发育，如楼群的排列、楼群的东南西北四个方位。

第四节　西安地区常见的裸子植物种类

裸子植物是指只形成种子而没有果实的一类植物。裸子植物多为高大的乔木，主要分布于北半球温带至寒带地区。在裸子植物中，有很多重要的园林树种，某些还有特殊的经济用途。

一、常绿类裸子植物

（1）苏铁：苏铁科苏铁属，常绿棕榈状木本植物。它体形优美，有反映热带风光的视觉效果，常布置于花坛中心或盆栽布置于大型会场内供装饰用。

（2）云杉：松科云杉属，常绿乔木。树冠尖塔形，苍翠壮丽，生长较快，可用作风景林。

（3）雪松：松科雪松属，常绿乔木。树体高大，树形优美，是世界著名的观赏树。宜孤植于草坪中央、建筑前庭之中心、广场中心或主要大建筑物的两旁及园门入口处等，或列植于园路两旁形成甬道，亦极为壮观。

（4）油松：松科黑松属，常绿乔木。树干挺拔苍劲，四季常青，不畏严寒，可象征坚贞不屈的气质。可一株成景，或三五株组景，亦可作为配景、背景、框景。

（5）白皮松：松科松属，常绿乔木。特产于中国的珍贵树种，自古配植于宫廷、寺院以及名园之中。树干皮呈斑驳状乳白色，衬以青翠的树冠，独具特色。宜孤植亦宜团植成林，或列植成行，或对植堂前。

（6）华山松：松科松属，常绿乔木。高大挺拔，针叶苍翠，冠形优美，生长迅速，是优良的庭园绿化树种。可用作园景树、庭荫树、行道树及林带树，亦可用于丛植、群植，亦是高山风景区之优良风景林树种。

（7）桧柏：柏科圆柏属，常绿乔木。在庭园中用途广泛，性耐修剪又有很强的耐阴性，可用作绿篱，亦可植于建筑北侧阴处。

（8）侧柏：柏科侧柏属，常绿乔木。是我国应用最广泛的园林树种之一，常栽植于寺庙、陵墓地和庭园之中。

（9）刺柏：柏科刺柏属，常绿乔木。宜在园林中观赏其长而下垂之枝，体形秀丽。

（10）柳杉：杉科柳杉属，常绿乔木。树形圆整高大，树干粗壮，最适孤植、对植，亦宜丛植或群植。

（11）粗榧：三尖杉科三尖杉属，常绿灌木或小乔木。多宜与其他树配植，作基础种植，或在草坪边缘植于大乔木下。

（12）罗汉松：罗汉松科罗汉松属，常绿乔木。树形优美，宜孤植作庭荫树，或对植、散植于厅、堂之前。矮化的及斑叶的品种是作桩景、盆景的极好材料。

二、落叶类裸子植物

（1）银杏：银杏科银杏属，落叶大乔木。树姿优美，叶形秀丽，寿命长，少病虫害，最宜作庭荫树、行道树或独赏树。

(2)水杉:杉科水杉属,落叶乔木。树冠呈圆锥形,姿态优美,宜在园林中丛植、列植或孤植,也可成片林植。水杉生长迅速,是郊区、风景区绿化的重要树种。

第五节 西安地区常见的阔叶类树木

一、常绿类阔叶树木

(1)樟树:樟科樟属,常绿乔木。枝叶茂密,冠大荫浓,树姿雄伟,是城市绿化的优良树种,可广泛用作庭荫树、行道树、防护林及风景林。

(2)海桐:海桐科海桐属,常绿灌木或小乔木。枝叶茂密,树冠球形,下枝覆地,叶浓绿有光泽,是城市及庭园常见绿化观赏树种。可用作房屋基础种植及绿篱材料,可孤植、丛植于草坪边缘、林缘或对植于门旁、列植路边。

(3)蚊母:金缕梅科蚊母树属,常绿乔木。枝叶密集,树形整齐,叶色浓绿,经冬不凋,抗性强、防尘及隔音效果好,是理想的城市及工矿区绿化及观赏树种。可植于路旁、庭前草坪上或大树下,也可成丛、成片栽植作为分割空间或作为其他花木背景,亦可作为绿篱或防护林带。

(4)石楠:蔷薇科石楠属,常绿小乔木。树冠圆形,枝叶浓密,早春嫩叶鲜红,秋冬有红果,是美丽的观赏树种。在园林中可孤植、丛植或基础栽植,尤宜配置于整形式园林中。

(5)枇杷:蔷薇科枇杷属,常绿小乔木。树形整齐美观,叶大荫浓,常绿有光泽,冬日白花,初夏黄果,多植于庭园内。

(6)黄杨:黄杨科黄杨属,常绿灌木或小乔木。枝叶茂密浓绿,经冬不凋,耐修剪,宜于庭园作绿篱及花坛边缘种植,也可在草坪孤植、丛植及路边列植、点缀山石,或作盆栽、盆景用于室内绿化。

(7)大叶黄杨:卫矛科卫矛属,常绿灌木或小乔木。枝叶茂密,四季常青,叶色亮绿,是美丽的观叶树种,常用作绿篱及背景种植材料,亦可丛植草地边缘或列植于园路两旁,修剪后可规则式对称配植。

(8)大叶女贞:木樨科女贞属,常绿乔木。枝叶清秀,终年常绿,夏日白花,适应城市气候环境,是常见的绿化树种,广泛植于宅院或作园路树,对多种有毒气体抗性强,可作为工矿区的抗污染树种。

(9)珊瑚树:忍冬科荚蒾属,常绿灌木或小乔木。枝茂叶繁,终年碧绿光亮,春日白花,深秋红果。可栽作绿篱或绿墙,也作基础栽植或丛植装饰墙角;富含水分,耐火力强,可作防火墙;隔音及抗污染能力强,可用于工厂绿化。

(10)棕榈:棕榈科棕榈属,常绿乔木。挺拔秀丽,适应性强,能抗多种有毒气体,体现南国风光。可列植、丛植或片植,也可盆栽或桶栽作室内装饰。

二、落叶类阔叶树木

(1)毛白杨:杨柳科杨属,落叶乔木。树干灰白、端直,树形高大、广阔,具雄伟气概。它宜作行道树、庭荫树,孤植或丛植于旷地及草坪上突显风姿,列植于广场、干道两侧气势规整，也是工厂绿化、防护林绿化的重要树种。

（2）旱柳：杨柳科柳属，落叶乔木。枝叶柔软，树冠丰满，自古以来就是重要的园林、城乡绿化树种。宜沿河湖岸边及低湿处、草地上栽植，亦可作行道树、防护林及沙荒造林等。

（3）垂柳：杨柳科柳属，落叶乔木。枝条细长，柔软下垂，随风飘舞多姿，宜植于河岸及湖边，亦可作行道树、庭荫树、固岸护堤树。此外，对有毒气体抗性较强，能吸收 SO_2，可用于工厂区绿化。

（4）榆树：榆科榆属，落叶乔木。树干通直，树形高大，绿荫较浓，适应性强，生长快，可用作行道树、庭荫树、防护林。在干瘠、严寒之地常呈灌木状，可作绿篱。

（5）朴树：榆科朴属，落叶乔木。树形美观，树冠宽广，绿荫浓郁，宜用作庭荫树或试作行道树，亦可选作厂矿区绿化及防风、护堤树种，也是制作盆景的常用树种。

（6）桑树：桑科桑属，落叶乔木。树冠宽阔，枝叶茂密，秋季叶变黄，能抗烟尘及有毒气体，适于城市、工厂区绿化。我国古代人民有在房前屋后栽种桑树和梓树的传统，故常用“桑梓”代表故土、家乡。

（7）构树：桑科构属，落叶乔木。枝叶茂密，抗性强，生长快，适用于工矿区及荒山坡地绿化，亦可作庭荫树及防护林用。

（8）无花果：桑科榕属，落叶乔木。常植于庭院及公共绿地，在华北多盆栽供观赏，需在温室越冬。

（9）鹅掌楸：木兰科鹅掌楸属，落叶乔木。树形端正，叶形奇特，是优美的庭荫树和行道树种。花淡黄绿色，秋叶黄色，最宜植于园林中安静休息区草坪上。

（10）悬铃木：悬铃木科悬铃木属，落叶乔木。萌芽力强，耐修剪，对城市环境耐性强，是世界著名的优良庭荫树和行道树种。

（11）合欢：豆科合欢属，落叶乔木。树姿优美，叶形雅致，盛夏满树绒花，宜作庭荫树、行道树，植于林缘、房前、草坪、山坡等地。

（12）皂荚：豆科皂荚属，落叶乔木。树冠广阔，叶密荫浓，宜作庭荫树或造林。

（13）刺槐：豆科刺槐属，落叶乔木。树冠高大，叶色鲜绿，花季白花素雅芳香，可作庭荫树及行道树。抗性强、生长迅速，是工矿区绿化及荒山荒地绿化先锋树种，亦是良好的蜜源植物。

（14）国槐：豆科槐属，落叶乔木。树冠宽广，枝叶繁茂，寿命长且耐城市环境，是良好的行道树、庭荫树；耐烟毒能力强，是厂矿区的良好绿化树种；花富含蜜汁，是夏季的重要蜜源树种。

（15）臭椿：苦木科臭椿属，落叶乔木。树干通直而高大，树冠圆整如半球状，叶大荫浓，秋季红果满树，是一种很好的观赏树和庭荫树。具有较强的抗烟能力，是工矿区绿化的良好树种。适应性强、萌蘖力强，为山地造林的先锋树种，也是盐碱地水土保持和土壤改良用树种。

（16）香椿：楝科香椿属，落叶乔木。枝叶茂密，树干耸直，树冠庞大，嫩叶红艳，是良好的庭荫树、行道树，在庭前、院落、草坪、斜坡、水畔均可配植。

（17）苦楝：楝科楝属，落叶乔木。树形优美，叶形秀丽，春夏之交开淡紫色花且有淡香，耐烟尘、抗 SO_2，是良好的城市及工矿区绿化树种，宜作庭荫树、行道树，亦可栽草坪孤植、丛植，或配植于池边、路旁、坡地。

（18）丝棉木：卫矛科卫矛属，落叶乔木。枝叶秀丽，结粉红色蒴果，是良好的园林绿化及观赏树种，宜植于林缘、草坪、路旁、湖边及溪畔，亦可用于防护林及工厂绿化。

（19）三角枫：槭树科槭树属，落叶乔木。枝叶茂密，夏季浓荫，秋季叶色暗红，宜作庭荫树、行道树及护岸树。老桩可制成盆景。

（20）五角枫：槭树科槭树属，落叶乔木。树形优美，叶、果秀丽，入秋叶色变红色或黄色，宜作山地及庭园绿化树种，与其他秋色叶树种或常绿树配植，彼此映衬，可增添秋季色彩之美，可用作庭荫树、行道树或防护林。

（21）元宝枫：槭树科槭树属，落叶乔木。冠大荫浓，树姿优美，叶形秀丽，嫩叶红色，秋季叶变成橙黄色或红色，是北方重要的秋色叶树种。

（22）茶条槭：槭树科槭树属，落叶乔木。树干直而洁净，花有清香，夏季果翅红色，秋叶易变成鲜红色，宜植于庭园观赏，尤适合作为秋色叶树种点缀园林及山景，亦可作行道树及庭荫树。

（23）七叶树：七叶树科七叶树属，落叶乔木。树干耸直，树冠开阔，姿态雄伟，叶大形美，遮阴效果好，初夏白花，宜作庭荫树、行道树。为防止树干遭受日灼之害，可将之与其他树种配植。

（24）栾树：无患子科栾树属，落叶乔木。树形端正，枝叶茂密秀丽，春季嫩叶多为红色，入秋叶色变黄；夏季开花，满树金黄，是理想的绿化、观赏树种，宜作庭荫树、行道树及园景树，亦可作防护林、水土保持及荒山绿化树种。

（25）梧桐：梧桐科梧桐属，落叶乔木。树干端直，树皮光滑，呈绿色，叶大形美，绿荫浓密。入秋叶凋落最早，有“梧桐一叶落，天下尽知秋”之说。可作行道树及居住区、工厂区绿化树种。

（26）白蜡树：木樨科白蜡树属，落叶乔木。形体端正，树干通直，枝叶繁茂鲜绿，秋叶橙黄，是优良的行道树、遮阴树。其耐水湿，抗烟尘，可用于湖岸绿化和工矿区绿化。

（27）泡桐：玄参科泡桐属，落叶乔木。树干端直，树冠宽大，叶大荫浓，花大而美，宜作行道树、庭荫树，也是重要的速生用材树种。

（28）梓树：紫葳科梓树属，落叶乔木。树冠宽大，可作行道树、庭荫树。古人在房前屋后种植桑树、梓树，“桑梓”即意故乡。

（29）柿树：柿科柿属，落叶乔木。树形优美，叶大，呈浓绿色，有光泽，在秋季变红，是良好的庭荫树。9月中旬以后，果实渐变橙黄或橙红色，观赏价值很高，既适宜于城市园林，又适宜于山区自然风景点中配植。

（30）君迁子：柿科柿属，落叶乔木。树干挺直，树冠圆整，适应性强，可供园林绿化使用。

（31）核桃树：胡桃科胡桃属，落叶乔木。树冠庞大雄伟，枝叶茂密，是良好的庭荫树。

可孤植、丛植于草地或园中隙地，亦可成片、成林栽植于风景疗养区，其花、果、叶挥发的气味有杀菌、杀虫的功效。

（32）杜仲：杜仲科杜仲属，落叶乔木。树干端直，枝叶茂密，树形整齐优美，是良好的庭荫树及行道树，也可作一般绿化造林树种。

（33）毛梾木：山茱萸科梾木属，落叶乔木。在自然界多生于山沟、溪旁、排水良好处，喜湿，适于在自然风景区中成丛种植。

第六节　西安地区常见的观赏花木

一、常绿类观赏花木

（1）南天竹：小檗科南天竹属，常绿灌木。茎干丛生，枝叶扶疏，秋冬叶色变红，更有累累红果，经久不落，是赏叶观果佳品。宜丛植于庭院房前、草地边缘或园路转角处。

（2）十大功劳：小檗科十大功劳属，常绿灌木。常植于庭院、林缘及草地边缘，或作绿篱及基础种植。

（3）广玉兰：木兰科木兰属，常绿乔木。叶厚而有光泽，花大而香，树姿雄伟壮丽，宜单植在宽广开旷的草坪上或配植成观赏的树丛。由于其树冠庞大，开花于枝顶，故不宜配植于狭小的庭院内，否则不能充分发挥其观赏效果。

（4）檵木：金缕梅科檵木属，常绿灌木或小乔木。花繁密而显著，初夏开花如覆雪，可丛植于草地、林缘或与山石相配，亦可用作风景林之下。

（5）月季：蔷薇科蔷薇属，常绿或半常绿直立灌木。花色艳丽，花期长，是园林布置的好材料，宜作花坛、花境及基础栽植用，亦可在草坪、园路角隅、庭院、假山等处配植。

（6）枸骨：冬青科冬青属，常绿灌木或小乔木。枝叶稠密，叶形奇特，深绿光亮，入秋红果累累，经冬不凋，鲜艳美丽，是良好的观叶、观果树种，宜作基础种植及岩石园材料，也可孤植于花坛中心，对植于前庭、路口，或丛植于草坪边缘，同时也是很好的绿篱。老桩可制作盆景。

（7）金丝桃：藤黄科金丝桃属，常绿、半常绿或落叶灌木。花叶秀丽，可植于庭园内、假山旁及路边、草坪等处。

（8）桂花：木樨科木樨属，常绿灌木或小乔木。树干端直，树冠圆整，四季常青，花期正值仲秋，香飘数里。于庭前对植两株，即“两桂当庭”，是传统的配植手法。园林中常将桂花植于道路两侧。假山、草坪、院落等地多有栽植，亦可大面积栽植，也可与秋色叶同植，有色有香。

（9）夹竹桃：夹竹桃科夹竹桃属，常绿直立大灌木。植株姿态潇洒，花色艳丽，兼有桃竹之美，初夏开花，有特殊香气，能适应城市自然条件，常植于公园、庭院、街头、绿地等处。其枝叶繁茂、四季常青，可作背景树种；性强健、耐烟尘、抗污染，是工矿区等生长条件较差地区绿化的好树种。

（10）凤尾兰：百合科丝兰属，常绿灌木或小乔木。花大树美叶绿，是良好的庭园观赏树种，常植于花坛中央、建筑前、草坪中、路旁及绿篱等。

（11）八角金盘：五加科八角金盘属，常绿灌木。叶大光亮而常绿，是良好的观叶树种，对有害气体具有较强抗性，常用于公园、庭园、街道及工厂绿化。

（12）洒金珊瑚：山茱萸科桃叶珊瑚属，常绿灌木。树叶上自然散布金黄色斑点，是良好的耐阴观叶、观果树种，宜植于林下及荫处。

二、落叶类观赏花木

（1）牡丹：毛茛科芍药属，落叶灌木。花大而美，有"国色天香"美称，被评为"花中之王"。常作专类花园及供重点美化，也可植于花台、花池观赏，亦可自然式孤植或丛植于岩旁、草坪边缘或配植于庭园，同时可盆栽作室内观赏或作鲜切花、插花使用。

（2）小檗：小檗科小檗属，落叶灌木。枝细密而有刺，春季开小黄花，入秋叶色变红，果熟后红艳，是良好的观果、观叶和刺篱材料。

（3）蜡梅：蜡梅科蜡梅属，落叶丛生灌木。花开于寒月早春，花黄如蜡，清香四溢，是冬季观赏佳品。宜配植于室前、墙隅处。

（4）溲疏：虎儿草科溲疏属，落叶灌木。夏季开白花，繁密素静，宜丛植于草坪、林缘及山坡，也可作花篱及岩石园种植。花枝可供瓶插。

（5）麻叶绣线菊：蔷薇科绣线菊属，落叶灌木。白花繁密似雪，秋叶橙黄色。可丛植于池畔、山坡、路旁、崖边。多作基础种植用，或在草坪角隅处应用。

（6）平枝栒子：蔷薇科栒子属，落叶匍匐灌木。红果平铺墙壁，经冬至春不落，宜作基础种植，亦可植于斜坡及岩石园中。

（7）火棘：蔷薇科火棘属，半常绿灌木。枝叶茂盛，初夏白花繁密，入秋果实呈红色，且留存较久。常作绿篱及基础种植材料，也可丛植或孤植于草地边缘或园路转角处。果枝可作瓶插。

（8）贴梗海棠：蔷薇科木瓜属，落叶灌木。早春叶前开花，簇生枝间，鲜艳美丽，秋有黄色、芳香硕果，是一种很好的观花、观果灌木。宜植于草坪、庭院或花坛内，丛植或孤植，亦可作绿篱及基础种植，同时可供盆栽或切花。

（9）木瓜：蔷薇科木瓜属，落叶小乔木。花美果香，常植于庭园供观赏。

（10）海棠：蔷薇科苹果属，落叶小乔木。春季开花，美丽可爱，是我国著名的观赏花木。宜植于门旁、庭院、亭廊周围、草地、林缘，亦可作盆栽或切花材料。

（11）棣棠：蔷薇科棣棠属，落叶丛生灌木。花、叶、枝俱美，丛植于篱边、墙际、水畔、坡地、林缘及草坪边缘，或栽作花径、花篱，或与假山配植。

（12）杏：蔷薇科李属，落叶乔木。花色白而丰盛，观赏效果佳，有"艳如桃李"之说。宜植于庭院、宅旁、村旁或风景区。

（13）红叶李：蔷薇科李属，落叶乔木。叶常年紫红色，是著名的观叶树种。宜于建筑物前及园路旁或草坪角隅处栽植，唯须慎选背景之色泽，方可充分衬托出它的色彩美。

（14）梅花：蔷薇科李属，落叶乔木。梅为中国传统的果树和名花，栽培历史长达 2 500 年以上。树姿古朴，花色素雅，花态秀丽，清香恬淡，果实丰盛。宜植于庭院、草坪、低山丘陵，可孤植、丛植及群植。传统的用法常以松、竹、梅为"岁寒三友"配植成景色。

（15）桃花：蔷薇科李属，落叶小乔木。花烂漫芳菲，妩媚可爱。园林中食用桃可在风景区大片栽植或在园林中游人少到处辟专园种植。观赏种宜植于山坡、水畔、石旁、墙际、庭院、草坪边，唯须注意选阳光充足处，且注意与背景之间的色彩衬托关系。我国园林中习惯以桃、柳间植水滨，形成“桃红柳绿”之景色。

（16）樱花：蔷薇科李属，落叶乔木。樱花既有梅之幽香又有桃之艳丽。在配植上应注意发挥各种不同种类的观赏特点。一般，樱花以群植为佳，最宜集团状群植，各集团之间配植常绿树作衬托。在庭园中点景时，最好用不同数量的植株成组配植，并应有背景树。定植地点应选阳光充足之处。由于樱花属浅根性树种，故应选土壤肥沃、避风之处，最适宜的地形是有缓坡且低处有湖池。

（17）樱桃：蔷薇科李属，落叶乔木。园林用途与樱花相似。

（18）榆叶梅：蔷薇科李属，落叶灌木。北方园林中最宜大量应用，以反映春光明媚、花团锦簇的景象。在园林或庭院中最好以苍松翠柏作为背景丛植，或与连翘配植，还可盆栽、切花。

（19）紫荆：豆科紫荆属，落叶乔木。早春叶前开花，无论枝、干，布满紫花。叶片心形，圆整而有光泽。宜丛植庭院、建筑物前及草坪边缘。因开花时，叶尚未发出，故宜与常绿松柏配植为前景或植于浅色物体前面，如白粉墙前或岩石旁。

（20）鸡爪槭：槭树科槭树属，落叶小乔木。树姿婆娑，叶形秀丽，有些常年红色，有些平时为绿色，入秋后叶色变红。可植于草坪、土丘、溪边、池畔，或于角隅、亭廊、山石间点缀，或以常绿树或白粉墙作背景衬托。

（21）木槿：锦葵科木槿属，落叶灌木或小乔木。夏秋开花，花期长而花朵大，是优良园林观花树种。常作围篱及基础种植，也宜丛植于草坪、路边或林缘。因具有较强抗性，它也是工厂绿化的好树种。

（22）木芙蓉：锦葵科木槿属，落叶乔木。秋季开花，花大而美，是一种很好的观花树种。性喜近水，宜在池旁水畔种植，有“照水芙蓉”之称。亦宜植于庭院、坡地、路边、林缘及建筑前，或作花篱。

（23）柽柳：柽柳科柽柳属，落叶灌木或小乔木。姿态婆娑，枝叶纤秀，花期长，可作篱垣用，是优秀的防风固沙植物，也是很好的改良盐碱土树种，亦可植于水边供观赏。

（24）结香：瑞香科结香属，落叶灌木。栽培管理简易。多栽于庭园观赏，水边、石间栽种尤为适宜。枝条柔软，可打结而不断，常整成各种形状。

（25）紫薇：千屈菜科紫薇属，落叶灌木或小乔木。树姿优美，树干光滑洁净，花色艳丽。开花时正值夏秋少花季节，花期长，由 6 月可开至 9 月，有“百日红”之称。宜种在庭院及建筑前，也宜栽在池畔、路边及草坪上。

（26）石榴：石榴科石榴属，落叶灌木或小乔木。树姿优美，叶碧绿而有光泽，花色艳丽而花期长，若正值花少的夏季，则更加引人注目。宜丛植于茶室、剧场及游廊外或民族形式建筑所形成的庭院中。亦可大量配植于自然风景区。可作成各种桩景或瓶插观赏。

（27）丁香：木樨科丁香属，落叶灌木或小乔木。枝叶茂密，花美而香，广泛栽植于庭园、机关、厂矿、居住区等地。常丛植于建筑前、茶室凉亭周围；散植于园路两旁、草坪之中；或与其他种类丁香配植成专类园。

（28）迎春：木樨科茉莉花属，落叶灌木。植株铺散，枝条鲜绿，在强光及背阴处都能生长，冬季绿枝婆娑，早春黄花可爱。宜植于池畔、路旁、山坡及墙边；或作开花地被；或植于岩石园内。也可作切花插瓶。

（29）迎夏：木樨科茉莉花属，落叶灌木。园林用途同迎春。

（30）锦带花：忍冬科锦带花属，落叶灌木。花枝繁茂，花色艳丽，花期长达两月之久，是春季主要花灌木之一。适于庭园角隅、湖畔群植；也可在树丛、林缘作花篱、花丛配植；或点缀于假山、坡地。

（31）金银木：忍冬科忍冬属，落叶灌木。金秋时节，对对红果挂满枝条，煞是惹人喜爱，也为鸟儿提供了美食。在园林中，常将金银木丛植于草坪、山坡、林缘、路边或点缀于建筑周围，观花赏果两相宜。

（32）木绣球：忍冬科荚蒾属，落叶灌木。树姿开展圆整，春日繁华聚簇，宜植于草坪及空旷地，使其四面开展，体现其个体美；如群植花开亦壮观；栽于园路两侧，可使其拱形枝条形成花廊；亦可植于庭中堂前，墙下窗前。

（33）红瑞木：山茱萸科梾木属，落叶灌木。在自然界多生于山沟、溪旁，排水良好处，喜湿度适中。可在自然风景区中成丛种植。

（34）白玉兰：木兰科木兰属，落叶乔木。玉兰花大，洁白而芳香，先花后叶，是我国著名的早春花木。最宜列植堂前，点缀中庭。民间传统宅院配植中讲究"玉堂春富贵"，玉即玉兰，意为吉祥如意、富有和权势。如配植于纪念性建筑前有"玉洁冰清"之意，如丛植于草坪或针叶树前，则能形成春光明媚的景境。

（35）紫玉兰：木兰科木兰属，落叶大灌木。庭园珍贵花木之一，花蕾形大如笔头，有"木笔"之称。宜配植于庭园室前，或丛植于草地边缘。

（36）二乔玉兰：木兰科木兰属，落叶乔木。为玉兰与木兰的杂交种，园林用途类同于白玉兰。

（37）黄刺玫：蔷薇科蔷薇属，落叶灌木。春天开金黄色花朵，且花期较长，为北方园林春景添色不少。宜于草坪、林缘、路边丛植，也可作绿篱及基础种植。

（38）金线吊蝴蝶：卫矛科卫矛属，落叶灌木。优良观果植物，果形奇特，酷似蝴蝶，十分艳丽。可作庭园观赏树种，孤植或制作树桩盆景。宜用于小区、广场、公园绿化。

（39）珍珠梅：蔷薇科珍珠梅属，落叶灌木。花、叶清丽，花期极长且正值夏季少花季节故园林中多喜应用。

（40）连翘：木樨科连翘属，落叶灌木。连翘枝条拱形开展，早春花先叶开放，满枝金黄，是北方常见的优良早春观花灌木。宜丛植于草坪、角隅、岩石假山下，路缘、转角处，阶前、篱下及作基础种植，或作花篱等用；以常绿树作背景，与榆叶梅、绣线菊等配置，更能显出其色彩美；大面积群植于向阳坡地、森林公园，效果亦佳；其根系发达，有护岸护堤作用。

（41）黄栌：漆树科黄栌属，落叶灌木或小乔木。初夏花后有淡紫色羽毛状的伸长花梗宿存树梢很久，成片栽植时，远望如万缕罗纱缭绕林间，“花如烟”；秋季叶子变红，鲜艳夺目，“红似火”。宜丛植于草坪、土丘或山坡，亦可混植于其他树群尤其是常绿树群中，也可在郊区山地、水库周围营造大面积的风景林，或作为荒山造林先锋树种。

第七节　西安地区常见的藤本和竹类树种

一、藤本树种

具有缠绕茎和攀缘茎的植物称作藤本植物。

(1)爬山虎：葡萄科爬山虎属，落叶藤本。优美的攀缘植物，能借助吸盘爬上墙壁或山石，枝繁叶茂，层层密布，入秋叶色变红，格外美观。常用于装饰垂直绿化建筑物的墙壁、围墙、假山、老树干等，短期内能收到良好的绿化、美化效果。夏季对墙面的降温效果显著。

(2)五叶地锦：葡萄科爬山虎属，落叶藤本。秋季叶色红艳，甚为美观，常用作垂直绿化建筑墙面、山石及老树干等，也可用作地面覆盖材料。

(3)紫藤：豆科紫藤属，落叶藤本。枝叶茂密，庇荫效果强，春天先叶开花，穗大而美，有芳香，是优良的棚架、门廊、枯树及山面绿化材料。制成盆景或盆栽可供室内装饰。

(4)金银花：忍冬科忍冬属，半常绿缠绕藤本。植株轻盈，藤蔓缭绕，冬叶微红，花先白后黄，富含清香，是色香俱备的藤本植物，可缠绕篱垣、花架、花廊等作垂直绿化；或附在山石上，植于沟边，爬于山坡，用作地被；花期长，花芳香，盛夏酷暑开放，可用于布置庭园夏景；植株轻，可用于屋顶花园绿化；老桩可作盆景。

(5)凌霄：紫葳科凌霄属，落叶藤本。干枝虬曲多姿，翠叶团团如盖，花大色艳，花期甚长，为庭园中棚架、花门之良好绿化材料；用以攀缘墙垣、枯树、石壁，均极适宜；点缀于假山间隙，繁花艳彩，更觉动人；经修剪、整枝等栽培措施，可成灌木状栽培观赏；管理粗放、适应性强，是理想的城市垂直绿化材料。

(6)木香：蔷薇科蔷薇属，常绿攀缘灌木。生长迅速，管理简单，开花繁茂而芳香，可作棚架、花篱材料。

(7)扶芳藤：卫矛科卫矛属，常绿藤本。叶色油绿光亮，入秋红艳可爱，又有较强的攀缘能力，在园林中用以掩盖墙面、坛缘、山石或攀缘于老树、花格之上，均极优美。

(8)常春藤：五加科常春藤属，常绿藤本。在庭园中可用以攀缘假山、岩石，或在建筑阴面作垂直绿化材料。

二、竹类

竹类属单子叶植物纲禾本科植物。竹类多为须根系，没有形成层，不能形成树皮，茎不能加粗生长；叶为单叶，全缘，平行脉或弧形脉；花各基数为3；种子有1枚子叶。

竹类为多年生草本植物，分类如下。

(1)刚竹：禾本科刚竹属。刚竹秆高挺秀，枝叶青翠，是长江下游各省区重要的观赏和用材竹种之一。可配植于建筑前后、山坡、水池边、草坪一角，宜在居民新村、风景区种植绿化美化。宜筑台种植，旁可植假山石衬托，或配植松、梅，形成“岁寒三友”之景。

(2)阔叶箬竹：禾本科箬竹属。植株低矮，叶宽大，在园林中栽植观赏或作地被绿化材料，也可植于河边护岸。

（3）凤尾竹：禾本科簕竹属。它适于在庭院中墙隅、屋角、门旁配植，植株较小的凤尾竹可栽植于花台上，也可制作竹类盆景，同时也可栽于寺庙庭园中。

第二部分　土壤肥料知识

第一章　土壤及其形成过程

土壤直接或间接地孕育了地球上的生命——植物、动物,包括人类。土壤是绿色植物生长繁衍的基地。绿色植物通过光合作用把光能转化为化学能,为其他生物的生命活动提供了能量,使我们赖以生存的地球生机盎然。土壤是人类赖以生活、生产、生存的物质基础。我们不仅要认识土壤,充分了解土壤的组成、性质、肥力状况等,还要合理地开发利用土壤资源,更要注意保护土壤,使土壤可以永续利用,能长久地、更好地、可持续地服务于人类。

一、土壤

土壤是地球陆地表面能够产生植物收获物的疏松物质。

二、土壤肥力

土壤肥力是指土壤能同时不断地供应和协调植物生长所需要的水分、养分、空气和热量的能力,这种能力是土壤内部组成的综合反映。通常把水分、养分、空气和热量称为土壤的四大肥力因素。

三、土壤的形成和发展

坚硬的岩石形成疏松的、具有肥力的土壤,需经过两个过程,即岩石的风化过程和土壤的形成过程。岩石经过风化作用破碎形成母质。母质是形成土壤的基本材料。

地球表面的岩石受自然因素的作用,发生破碎,并使岩石的成分和性质等改变的过程,称为岩石的风化过程。风化类型有以下几种。

1. 物理风化

岩石在地表受机械破坏作用,化学性质不变。引起物理风化的原因很多,如温度变化、水分冻结、碎石劈裂等。

1)热力作用

温度的日变化和年变化,引起岩石冷缩热胀。岩石的矿物组成不同,热学性质不同,收缩和膨胀系数不一致,矿物之间的压力大小不同,造成岩石碎裂风化。

2)冰冻作用

在高山地区岩石的裂隙中,水分结冰膨胀,产生压力,引起岩石破裂。有的岩石碎屑落入岩石裂隙,促进了冰冻劈裂。

2. 化学风化

化学风化又称化学分解作用。岩石在水、二氧化碳、氧气等物质参与下进行着各种化学变化。化学风化中水起主要作用,作用方式有以下几种。

1）溶解作用

一般的矿物岩石是难溶于水的，但是大量的水分和高温可使矿物岩石的溶解度加大，含有大量二氧化碳的水可使碳酸钙溶解。

2）水化作用

矿物与水化合，称为水化。如无水石膏形成含水石膏。

3）水解作用

水解作用是化学风化最重要的一种作用。水具有一定的解离度。当水分子解离时可形成 H^+ 和 OH^- 离子。由水解离的 H^+，可以从铝硅酸盐矿物中部分取代盐基离子，生成可溶性盐类。

4）氧化作用

氧是大气中最普通的氧化剂。在湿润的条件下，含铁、硫的矿物普遍地进行着氧化。如黄铁矿氧化形成褐铁矿。

3. 生物风化

生物因素引起岩石的物理机械和化学分解作用，称为生物风化作用。

第二章　土壤有机质

土壤有机质泛指以各种形态存在于土壤中的各种含碳有机化合物。土壤有机质含量的高低在一定程度上反映了土壤的肥沃程度。

一、土壤有机质的来源

土壤有机质主要来源于动物、植物和微生物死亡后的残留体,其中最多的是植物残留体。这些物质在一定条件下,经微生物活动进行分解或重新合成新的物质。施入土壤中的有机肥料也是土壤有机质的重要来源。

二、土壤有机质的组成

土壤有机质一般由以下几部分物质组成。

(1)植物、动物和微生物的遗体。

(2)植物、动物和微生物的分泌物和排泄物。

(3)上述两部分物质的中间分解产物。

三、土壤有机质的转化过程

有机残体进入土壤后,经微生物作用,向以下两个方向转化。

1)矿质化过程

将复杂的有机物彻底分解,产生二氧化碳、铵盐、硝酸盐、磷酸盐等简单化合物,这一过程称为矿质化过程。

2)腐殖化过程

有机质在分解的同时,部分分解产物经微生物作用形成新的有机物——腐殖质,这一过程称为腐殖化过程。

两种过程互相制约又互相促进,重新改造着土壤。

四、土壤有机质的作用

土壤有机质对土壤肥力的作用是多方面的,可概括为以下几点。

1. 植物营养的主要来源

土壤有机质中含有多种营养元素,如氮、磷、钾、钙、硫、铁等主要元素以及多种微量元素。氮素主要来源于土壤有机质。

2. 促进植物生长发育

土壤有机质中的胡敏酸,可以提高植物活性,促进植物根的呼吸作用,改变细胞的渗透压,提高植物营养吸收能力,促进有机物质的积累。有机质又含有各种激素、抗生素,可以刺激植物生长,增强植物体的抗性。

3. 促进微生物的活动

土壤微生物的营养物质大部分来源于有机质和腐殖质。

4. 改善土壤的化学性质

腐殖质疏松多孔,有巨大的表面积和表面能,也大大提高了土壤的保肥能力。土壤中的腐殖酸盐具有两性胶体的作用，可以缓冲土壤的酸碱变化。

5. 改善土壤的物理性状

土壤腐殖质胶体具有凝聚作用，能提高土壤的结构性能，改善土壤的结构状况，形成水稳性结构。有机质分解时产生大量的热，可提高土壤温度，有利于植物生长和发育。有机质还可以改变土壤的黏结性、黏着性和可塑性，改善土壤的可耕性，有利于根系的发育。

第三章　土壤物理和化学性质

土壤的物理性质主要有土壤质地、土壤孔隙、土壤结构等，这些性质直接影响土壤的肥力状况。土壤耕性是土壤物理性质的综合表现。土壤的化学性质主要有土壤胶体性质、土壤酸碱度和土壤的缓冲作用。

第一节　土壤质地

土壤中各粒级土粒在土体内所占的重量百分比称为土壤质地，又称为土壤的机械组成。

一、土壤质地的分类

根据各国对土壤质地的分类状况，土壤质地一般分为砂土、壤土和黏土三大类。

（一）砂土

砂土中砂粒含量多，疏松，易于耕作，土粒间隙大，易于透水透气，但蓄水保肥能力差。由于透气性好、热容量小，砂土白天升温快，夜晚降温也快，昼夜温差大。每年早春土温升高快，故砂土又被称为“热性土”。砂土有机质分解快、养分不易积累，腐殖质含量低。

砂土在利用上应选择耐旱、耐贫瘠的树种。施肥、浇水应遵循少量多次的原则，否则容易出现“发小苗不发老苗”的现象。砂土适于用作盆栽土壤的配制材料，也可以作扦插用土。

（二）黏土

黏土中黏粒含量高，土壤黏重，耕作困难，透水性差，保水保肥能力强；热容量大、土温低，早春升温慢，又被称为“冷性土”；有机质分解缓慢，腐殖质易于积累，养分含量高，表现为肥效迟缓，肥劲稳长。

由于土体紧实，黏土不适于幼苗生长，而成苗根系健全，可以充分利用黏土中充足的水分和养分，故黏土表现出“发老苗不发小苗”的生产特性。在黏土上适宜种植根系发达、耐涝的树种。

（三）壤土

壤土俗称“二合土”，不黏不砂、松紧适度，既通气透水，又有一定的保蓄能力。壤土具有“发小苗也发老苗”的生产特性。壤土中水、肥、气、热协调，可耕性良好，有利于植物扎根和生长发育。壤土是园林生产中理想的土壤质地。土壤质地与植物生长关系密切。不同的植物对土壤质地有不同的喜好。

二、土壤质地的改良

两种简单易行的质地改良方法，在实际生产中要灵活应用。

1. 大量施用有机肥料

增施有机肥料可以提高土壤中有机质的含量，既可改良砂土，又可改良黏土，是改良土壤质地最有效、最简单的方法。可用有机肥包括塘泥、绿肥和家畜粪尿等。

2. 客土掺砂掺黏

砂土中掺入黏土或黏土中掺入砂土都能改变原来土壤的黏、砂比例，有效改良土壤质地。方法有遍掺、条掺和点掺三种。遍掺就是普遍均匀地在地表盖一层砂土或黏土，然后翻耕混匀，这种方法效果好，但土壤用量大，费工费时。条掺和点掺是将砂土或黏土掺在植物行间或种植穴中，这种方法土壤用量少，较省工时，也有一定的效果。

第二节　土壤孔隙度

土壤孔隙的体积占土壤体积的30%~60%，它是土壤中空气和水分活动的主要场所，并影响着土壤的通气和蓄水的状况。

一、土壤孔隙

1. 孔隙的概念

土粒之间或团聚体（土团）之间的间隙称为土壤孔隙。土壤中的孔隙大小不一，土粒与土粒之间的孔隙较小，团聚体之间的孔隙较大。

2. 孔隙的类型

根据孔隙的大小和作用，土壤中的孔隙可分为以下三类。

1）无效孔隙

孔径<0.002 mm，孔隙小，水分和空气很难进入，即使进入，植物也无法将其利用。

2）毛管孔隙

孔径大小为0.02~0.002 mm，具有毛管作用。灌溉或降水进入土壤的水分被吸入其中。毛管孔隙是土壤蓄水的主要场所。毛管孔隙中储存的水分是植物吸收水分的主要来源。毛管孔隙的多少能反映土壤保水能力的强弱，在一定程度上也能说明土壤保肥能力的高低。

3）非毛管孔隙

孔径>0.02 mm，该孔隙比较粗大，通透性良好，是土壤空气的储藏空间，所以又称空气孔隙。土壤中非毛管孔隙的多少能反映土壤通气透水能力的强弱。

二、土壤孔隙度的概念及影响土壤孔隙度的因素

1. 土壤孔隙度的概念

土壤孔隙度是指土壤中孔隙的体积占土体体积的百分比。它反映了土壤中孔隙所占的比例。

2. 影响土壤孔隙度的因素

土壤孔隙度主要受土壤质地、土壤结构和土壤紧实度等因素的影响。

1）土壤质地

砂土的孔隙度为30%~35%，以通气孔隙为主，通气透水性很好。黏土孔隙度为50%~60%，以毛管孔隙为主，保水保肥能力强，但通气透水性差。沙壤土和轻壤土孔隙分配状况对土壤水分和空气的关系最为适宜。

2）土壤结构

土壤中粗细不同的土粒，其黏结力和黏着力不同，在土壤中形成了大小不一的团聚体，

这些团聚体的大小也会影响土壤的孔隙状况。

3）土壤紧实度

土壤紧实度是指土粒排列的紧密程度，它受土壤质地、有机质含量、干湿变化、行人践踏和车辆碾压等因素影响。紧实度高的土壤一般孔隙度低，反之孔隙度高。

3. 土壤孔隙状况与土壤肥力的关系

土壤孔隙状况直接影响土壤的水分和空气状况。一般来说，要求土壤的孔隙度在50%~55%，其中非毛管孔隙占1/5~2/5较好，这样能使土壤的通气性、透水性和保水性比较协调，从而提高了土壤养分的有效化和土壤的保肥供肥能力，同时还保证了土壤温度的稳定。

第三节 团粒结构

一、具有团粒结构优势

1. 拥有良好的孔隙状况

团粒内部为毛管孔隙（小孔隙），团粒之间是非毛管孔隙（大孔隙），而且两者比例适当，这样的孔隙状况能够很好地协调土壤中水、肥、气、热的关系，使土壤具有良好的肥力状况。

2. 水分和空气协调共存

无论水多还是水少，土壤中的团粒内总是保持一定的水分，满足植物的需要，而团粒之间的非毛管孔隙则充满空气，供植物根系呼吸。

3. 供肥保肥性好

由于团粒之间空气充沛，有机质被微生物彻底分解矿化，释放的养分被植物吸收利用。

4. 耕作性能良好

团粒结构多的土壤土质疏松，利于种子萌发和根系生长，能减少耕作阻力，耕作后的效果好，同时省时省力。

二、创造团粒结构的措施

（1）增施有机肥料。

（2）精耕细作。

（3）改变砂黏比例。

（4）种植绿肥。

（5）应用土壤结构改良剂。

第四节 土壤酸碱性

一、土壤酸碱性

土壤酸碱性是指土壤溶液的酸碱性，常以pH值表示。土壤溶液中存在极少量的H^+和OH^-，它们的数量比例决定着土壤溶液的酸碱性。

二、我国酸碱土壤分布

根据我国土壤酸碱度的实际差异情况及其与肥力的关系，可将土壤酸碱度分为五级：强酸性(pH<5)、酸性(pH5.0~6.5)、中性(pH6.5~7.5)、碱性(pH7.5~8.5)、强碱性(pH>8.5)。我国土壤的 pH 值一般变化在 4.0~9.0 之间,多数在 4.5~8.5 范围内,极少低于 4.0 或高于 9.0。"东南酸西北碱"是我国土壤酸碱性在地理分布上的规律。

三、土壤酸碱性与植物生长

在 pH 值为 4.0~8.0 的培养液中,一般植物均能生长,但能适应这个范围以外的酸碱度的植物种类则大大减少,这说明酸碱度对植物生长的影响很大。

四、土壤酸碱性影响养分的有效性

植物需要的营养元素较多,但在不同的酸碱条件下,各营养元素的有效性不同。土壤 pH 值与微生物活性和养分有效性的关系如下。

(1)氮:氮素营养的土壤 pH 值大于 6.5 时,速效氮的供应量多。

(2)磷:磷素土壤 pH 值为 6.5~7.5 时有效性最高。

(3)钾、钙、镁、硫:在酸性土壤中,这些营养元素的盐类溶解度大,有效性高,但易于淋失,所以含量低;在 pH 值大于 8.5 的土壤中,易生成钙、镁的碳酸盐类沉淀,降低了有效性。

(4)微量元素:土壤中的铁、锰、铜、锌、硼等微量元素一般在酸性土壤中溶解度较大,有效性高,在石灰性土壤里常因生成沉淀而降低有效性。钼的有效性恰好与上述元素相反,在酸性土壤中常因与铁、铝生成钼酸铁、钼酸铝沉淀而降低有效性。钼随 pH 值的升高而有效性增加。

不同的植物对土壤的酸碱度有不同的要求。大多数植物适宜在 pH 值为 6.0~7.5 的微酸性到微碱性土壤中生长。但有的植物要求酸性土壤,如山茶、杜鹃等;石榴则喜欢弱碱性的石灰质土壤。

五、酸碱性的调节

土壤过酸、过碱都不适宜植物生长。对于苗圃和城市绿地土壤,可采取相应措施对土壤酸碱度进行调节,使其适应植物的需要。

1. 酸性土壤的调节

改良酸性土壤通常施用石灰和石灰石粉,施用量应根据水解性酸度的大小来决定,一般土壤 pH 值 <5.5 时才可施用石灰。同时,还应考虑不同树种适宜的土壤反应,以及石灰的种类、性质、土壤质地、有机质含量等。

用石灰石粉的好处是中和作用缓慢,后效长,不用连年施用,不会因土壤酸碱度突然改变而影响微生物的活动和植物的生长。石灰石粉在土壤中溶解的速度与其颗粒的细度有关,通常情况下,石灰石粉颗粒越细中和作用越明显、越迅速;石灰石粉颗粒越粗中和作用越缓慢,后效越长久。在苗圃中施用石灰石粉时,要求颗粒一半是通过 40~60 目筛孔,另一半是通过 20~40 目筛孔。有的肥料(如草木灰)是碱性钾肥,既可以为植物提供钾素营养,还可以中和土壤的酸性。

2. 碱性土壤的调节

改良碱性土壤可施用石膏、明矾、硫酸亚铁和硫黄等。这些物质在土壤中转化成硫酸,可用来中和碱性。在南方,人们喜欢喜酸性的花卉,为保证花卉的正常生长,应该对盆栽混合物进行相应的酸化处理。可以将硫酸亚铁、明矾等配成一定浓度的溶液，并与有机肥料一起投入缸内，放置阳光下曝晒发酵约1个月，取上面清液兑水稀释后即可使用。用矾肥水浇过的土壤呈微酸性反应，pH值为5.8~6.7。此外，改良碱性土和碱化土还需要采取与灌溉、排水、植物栽培以及土壤耕作相结合的措施，才能有效地减轻或消除碱性危害。

第五节　土壤的缓冲性能

土壤的缓冲性能是土壤的化学性质之一，它对土壤的pH值变化起着重要的调节作用，能够为植物创造一个稳定的土壤酸碱度环境。土壤的缓冲作用，避免了因施肥、根系呼吸、微生物活动等引起的土壤酸碱度的剧烈变化。肥沃土壤的有机质含量高，缓冲性能较强，能为植物提供稳定的土壤环境。有机质缺乏的砂土，缓冲能力弱，土壤酸碱度不稳定，可以通过多施有机肥料或客土掺黏等方法提高其缓冲性能。

第四章　土壤水、气、热、养分状况及肥力培育

第一节　土壤水分

土壤水分是土壤的组成之一，是植物生命活动的源泉。掌握土壤水分的变化，是园林植物养护管理的重要环节。

一、土壤水分的来源和类型

1. 水分的来源和消耗

土壤水分主要来自大气降水（雨、雪、霜、雹等）。地下水也是土壤水分的重要来源。人工降水和灌溉是补充降水不足的措施。

土壤水分主要由于植物根系的吸收而消耗。通过植物的蒸腾和地表蒸发，水分散入大气中。地表径流也可从土壤和地上消耗掉水分。水分的收支平衡是保证植物生活的重要条件。

2. 影响土壤水分的因素

1）气候

大气降水可以补充土壤水分。干旱炎热会蒸发消耗水分。我国北方地区降水少，蒸发量大，土壤严重干旱。南方气温较高，雨量充足，有利于植物生长。

2）地形

地形影响水分的再分配。低地水分积聚；地势平坦的平原，土壤表面均匀受水；坡地易造成地表径流，引起水土流失。

3）地表覆盖

植物覆盖有利于水分的渗透，防止土壤被冲刷，减少地表蒸发，有利于土壤水的保存。

4）土壤的物理性状

土壤的物理性状包括土壤质地、结构、孔隙状况、有机质含量等，影响土壤的渗水和保水能力。改善土壤的物理性状，是增加保水、蓄水的重要技术措施。

5）人类的生产活动

营造防护林，种草护坡，扩大绿地面积，合理进行田间管理，人工降雨，兴修水利，充分利用自然水源，修建水库、梯田、阶地等，对改善水分状况有重要的影响。

二、土壤水分的管理和调节

水分调节的原则是：促进地表水分尽快渗透，减少地表径流，防止冲刷土壤，减少地面蒸发，消除杂草，节约用水，充分发挥有效水的效能。因此，应采取下列措施。

（1）积水地区应栽喜湿植物，修筑排水渠及时排水。

（2）在干旱地区应特别注意合理灌水。应根据植物生长发育规律制订灌水计划，充分发挥水分效益。

当前采用的方法有以下几种。

（1）地下灌溉，即设管道于地下，防止无益蒸发，减少漏水损耗。

（2）人工降雨喷灌，即经管道加压，从管口喷出水分，灌溉一定面积。人工降雨用水少，水分点滴入地，充分发挥有效水的功能。

（3）滴灌，即用管道通过滴头加压滴水进行灌溉。它比喷灌更节约用水。

（4）改良土壤结构，扩大有效水的范围。

（5）进行适当的田间管理，及时中耕除草，减少水分无益消耗。

（6）增加覆盖面积，防止蒸发，提高土温，以利于植物吸收水分和生长。

第二节　土壤空气

一、土壤空气

土壤空气量决定于土壤孔隙度和含水量。空气和水同时存在于各种大小的空隙中。土壤质地、结构、耕作情况等均影响土壤孔隙度和含水量，从而影响土壤通气量。土壤空气的组成有以下特点。

（1）土壤空气中二氧化碳含量比地面空气中二氧化碳的含量高，氧气的含量较低。

（2）土壤空气经常处于水汽饱和状态，除表层和干旱季节外，土壤空气充满着水汽。

（3）在通气不良的情况下，产生还原性物质，如硫化氢、氢、甲烷等，影响植物生长。

二、土壤空气与植物的生长发育

1. 土壤空气与根系生长

在通气条件下，植物根系长，色浅而新鲜发达；缺氧时，根系短粗，色暗，根毛少。如氧的浓度低于 9% 时，根系发育受阻，低于 5% 时植物停止生长。处于低洼湿地的植物，根系容易腐烂。

2. 土壤空气与种子萌发

空气和水分会影响种子内含物的转化和能量的释放。缺氧条件下，有机质产生乙醇，抑制种子萌发。

3. 土壤空气与水分和养分的吸收

植物吸收水分和养分的过程受土壤空气的影响，特别是养分的吸收，受土壤空气影响更大。植物吸收离子态营养时，需要呼吸作用产生能量。

4. 土壤空气与植物生理障碍

空气不足时，土壤易产生有毒气体，如硫化氢、甲烷等抑制剂，将降低根细胞内的原生质活动，使根系正常生长受到阻碍。

三、土壤空气的调节

1. 合理耕作

精耕细作，深耕松土，可使土壤疏松通气，增加非毛管孔隙，促进空气交换。黏重、缺乏有机质、结构差、易板结的土壤，应适时进行田间管理，多施有机肥，客土掺沙，增加非毛管孔隙，以利于土壤通气。

2. 改善土壤结构

对耕作土壤和城市土壤应多施有机肥，增加有机质，改良土壤结构。

3. 及时排除低地积水

修筑排水渠道，及时排水，以利于气体流通。

第三节　土壤热量

一、土壤热量来源

土壤热量来源于太阳辐射、微生物活动产生的热量及地热。

1. 太阳辐射

太阳辐射是土壤热量的主要来源。

2. 微生物活动产生的热量

微生物在分解有机质的过程中会产生一定的热量，如园林生产育苗时，可以利用骡或马粪做酿热材料来提高苗床温度，促进种子萌发。但这类热量有限。

3. 地热

地核中心的温度可达 5 500℃，地核表面的温度也有 3 700℃左右，这也是土壤热量的来源之一。但由于地壳导热能力很差，土壤从地核获得的热量有限。但在有地热资源的地区，这一因素则不可忽视。

二、影响土壤热量状况的因素

土壤的热量状况主要受到地理、土壤及植物等因素的影响。

1. 地理因素

气候不同、地势的高低不同、坡向不同等，土壤的热量状况有很大区别。

2. 土壤因素

土壤的质地、结构、有机质含量甚至土壤颜色等都影响土壤的热量状况。砂土热量状况较好，黏土含水量高，土壤温度低；结构良好的土壤温度状况好；有机质含量高、颜色深的土壤吸热性和保温性都很好，所以土壤热量状况较好。

3. 植被或覆盖因素

地面的植被或覆盖物可以有效阻碍热量的传导，使土壤温度保持稳定，冬季可以保温，夏季又可降温。

三、土壤温度的变化规律

1. 土壤温度的日变化规律

土壤温度随昼夜温度的周期性变化而变化，这称为土温度的日变化规律。一天当中，土壤的最低温度一般出现在日出前；日出后土壤温度逐渐升高，最高温度一般出现在 13:00~14:00，之后又逐渐降低。

2. 土壤温度的年变化规律

土壤温度的年变化规律是指土温随一年四季温度的周期性变化而变化。一年中，表土最低温度一般出现在 1~2 月，最高温度通常出现在 7~8 月。随着土层深度的增加，土温的年变幅逐渐缩小，到一定深度后，土温终年不变。

四、土壤热量状况对植物生长的影响

植物生长发育过程，如发芽、生根、开花、结果等都需要适宜的温度。土壤热量状况对植物生长发育的影响是很显著的。

（1）土壤温度影响种子萌发。

（2）土壤温度影响植物根系的生长。

（3）土壤温度影响植物的营养和繁殖。

（4）土壤温度影响微生物的活动。

五、土壤温度的调节

一般的要求是：春天提高土温，提前播种，以促进幼苗的生长；夏季要采取相应的降温措施；秋冬季节则要保持土温。

1. 增温措施

（1）排水。排除低洼地的积水，减少地面蒸发，降低热容量和导热性，可达到提高土温的目的。

（2）垄作。作畦或作垄在春季可促使土温迅速提高，一般垄上温度要比平地温度高。

（3）增施有机肥料。大量施用有机肥料可使土壤颜色加深，增强土壤吸热能力，同时，有机质在微生物的分解作用下放出热量也可以提高土温。冬季苗圃施用马、羊等发热量高的家畜粪，也有利于保温，为早春苗木出圃创造条件。

（4）增加覆盖。冬季苗床表面铺砂、盖草木灰，可以增加土壤对热量的吸收，提高土温。此外，还可以用塑料薄膜覆盖地表。

（5）喷洒保墒增温剂。

2. 保温措施

（1）灌冻水。冬季在土壤封冻前浇灌的水叫冻水。灌冻水可使土壤保持较高的温度以减轻冻害。

（2）设风障、造防护林。这样可以降低风速，防止土壤热量损失。

（3）其他措施。熏烟、覆盖、温室大棚栽培等措施均可保持土温。

3. 降温措施

（1）灌溉：夏季灌水可以增加土壤热容量，同时也加速地面水蒸发进而降温。

（2）中耕松土：疏松表土，使土壤空气含量增加，降低热量向下传导的速度，防止下层土温升高。

（3）草帘覆盖、搭棚遮阳可以减少阳光直接照射，使土壤吸热量降低，土温升高速度减缓。

第四节　土壤养分

一、土壤养分的种类

土壤养分是指土壤中植物生长发育所必需的营养元素。根据植物需要量的多少，可以把土壤养分分为以下两类。

1. 大量元素

大量元素指植物生长发育需要量较多的养分，主要有 C、H、O、N、P、K、Ca、Mg、S 等九种元素。N、P、K 三种元素植物需要量较多，而土壤中的含量却很少，往往需要通过施肥才能满足植物的需求，因此这三种元素又被称为肥料“三要素”。

2. 微量元素

微量元素指植物需要量较少的养分，通常有 Fe、Mn、Cu、Zn、Mo、B、Cl 等七种元素。

二、土壤养分的来源与消耗

1. 土壤养分的来源

1）矿物岩石

矿物岩石中本身就含有植物生长需要的多种营养元素，除了不能提供氮素养分外，其他元素如 P、K、Ca、Mg、S 等，还有微量元素养分，都能通过矿物岩石的风化作用释放出来，供植物吸收利用。

2）动、植物残体

动物残体及其排泄物、植物的枯枝落叶也是土壤养分的重要来源之一，它们在微生物的矿质化作用下可以为植物提供丰富的营养物质。

3）生物固氮

土壤中有很多具有固氮能力的微生物，它们能把大气中植物不能吸收的氮气转化为植物能够吸收的氮素形态。

4）自然降水

自然降雨、降雪也可以给土壤带来一定数量的养分。工业废弃物，烟尘中的氮氯化物、硫氧化物与氨、氯等气体，以及含有 Mg、K、Ca 等元素的物质可以随雨雪进入土壤。

5）施肥

施肥是园林绿化养护管理中的措施之一，是为园林植物提供养分的主要途径。

2. 土壤养分的消耗

土壤养分的消耗大致有以下途径。

1）植物对土壤养分的消耗

园林绿化中的各种乔木、灌木和草本植物等随着个体的生长发育、吸收养分的能力、生长周期和利用方式的不同，每年会从土壤中吸收大量的养分，这是土壤养分消耗的最主要途径。

2）漏肥

漏肥是由于土壤质地、结构及孔隙性质的原因，导致土壤可溶性养分随水渗漏而淋失。

3）跑肥

跑肥是由于地面不平，降水后产生地表径流，造成养分随水流失。

4）微生物的不良活动

土壤通气不良时，嫌气性微生物活动旺盛，可以将土壤中的养分还原成气态，造成养分挥发损失。例如,土壤中的硝态氮在土壤淹水条件下,就会发生反应,产生氮气,造成土壤中氮元素的损失。磷和硫等元素也容易发生这样的反应。

三、土壤养分的调节

1. 合理施肥

合理施用各种肥料是补充土壤养分的主要途径。苗圃中的苗木栽植密度较大,随着苗木的生长,要从土壤中吸收大量养分。苗木出圃,尤其是带土球出圃,大量的土壤养分随之被带走,为了保证地力和苗木的速产、丰产,必须对苗圃地进行施肥。施肥应以有机肥料为主、无机肥料为辅,在改善土壤理化性质的同时,又为植物提供了充足的养分。

2. 合理利用园林植物的残落物

园林树木每年产生的枯枝落叶,修剪草坪产生的大量植物残体,还有锄下的杂草等,这些植物残落物本身就含有大量的植物营养,合理地利用园林植物的残落物既可以解决城市环境问题,又可以补充土壤养分。

3. 科学用地,用养结合

土壤资源如果只用不养,地力必然下降。生物养地是既简单又有效的养地措施。不同的植物消耗养分的种类和数量不同。在苗圃地可以采取苗木和绿肥轮作、间作、混作和套种等方法,合理利用土壤中的养分,做到用养结合。

4. 加强土壤管理

通过精耕细作,结合施用有机肥料增加土壤有机质含量,改良土壤的质地、结构、孔性、酸碱度等理化性质,促进土壤养分的有效化。

第五章　土壤与园林植物生长的关系

第一节　绿地土壤

一、常见的改良措施

1. 换土

1)局部换土

在绿地土壤基本能满足植物种植需要时,可以仅更换栽植穴内的土壤。在大树移植、种植行道树或绿地中的乔木时,可以采用这种方法。要求栽植穴的规格较规定尺寸加大 50% 以上。若土壤条件较差,至少增加至一倍。种植前,先填入掺好有机肥料的土壤,至合适的高度,再按照植树的技术规范,用好土回填种植穴。行道树的种植也可以采用此方法。

2)全面换土

在绿地土壤侵入体过多、无法直接种植时,就需要整体更换种植区内的土壤。换土的深度应根据种植植物的种类灵活掌握,乔木要深一些,灌木和草本植物可浅一些,但至少要大于植物主要根系分布的深度。由于新更换的土壤肥力并不高,因此换土的同时应该掺入适量厩肥、堆肥等有机肥料,提高土壤肥力,加速土壤熟化。

2. 增施有机肥料和化肥

城市绿地的养护管理过程中,定期施肥是园林植物花果繁茂、提高绿地景观效果的有力保障。尤其是观花、观果的木本植物及刚刚种植的植物,更要注意通过施肥满足植物对养分的需求,同时能改良土壤的理化性质。

3. 行道树及大树基部应保留较大的绿地空间,改善土壤的通气状况

在城市绿化中,行道树的立地条件最为恶劣。路面的铺装导致树下土壤空间有限,土壤通气性较差,植物根系呼吸困难。为了改变这种状况,应适当增大行道树下的土壤面积,或用草皮砖铺装局部地面,以调节近地面的小气候,改善树木的生活环境;条件允许的地方,可以将细树枝打成捆,填埋在大树树冠垂直投影的范围内,或在土中埋设 PVC 材质的通风管,这些都能解决土壤透气的问题。对于公共绿地,应设置提示牌,提醒游人不要进入,尽量减少对土壤的踩踏,以免降低土壤的通气性。或者合理设计绿地中的园路,让游人提高爱护绿地、保护环境的意识。

4. 正确处理植物的凋落物

1)就地填埋

可以将凋落物收集后直接填埋在绿地中。通过土壤微生物的分解作用,可以转化成植物需要的养分,有效增加土壤养分,改良土壤性状。

2)制作堆肥

每年秋冬时节,清理植物的落叶是市容园林部门的工作之一,很多地方为方便起见,采取了集中焚烧的办法,对城市环境造成较大的影响。应该将植物凋落物收集起来,制作成肥

料，既可以避免因焚烧造成的空气污染，又可以成为城市园林绿化的肥源之一。

3）自然分解

体量较小的针叶不易被风吹走，在不影响美观的情况下可不作处理，任其自然分解。

5. 防止融雪盐的危害

在冬季降雪后，为保障车辆和行人的安全，北方地区的城市通常采取撒盐或盐水的方法融化道路上的积雪。溶化后的雪水中含有大量盐分，一旦进入绿地，将对园林植物造成极大危害。因此，一定要科学控制融雪盐的用量，并及时清理融化的雪水，严禁将带盐的雪堆放到绿地中。

第二节 盆栽土壤

在盆栽花卉栽培过程中，常常根据花卉品种的不同，选择不同的材料配制盆栽土。用作盆栽基质的材料较多，如蛭石、珍珠岩、陶粒、泥炭和锯末等。

不同盆栽基质的理化性质不同，可以根据花卉的生活习性，随时调整各种材料的比例，配制出各种各样的盆栽土壤。市场上就有许多花卉专用培养土出售，如君子兰、杜鹃等专用培养土。

盆栽土壤的注意因素如下。

（1）通气不良，土温变化较大。由于盆栽容器一般较小，经常浇水容易造成盆栽土壤的透气性较差。另外，制作盆栽容器的材料多种多样，材质不同，对盆栽土壤透气性的影响也有不同。盆栽容器所能盛装的土壤较少，导致盆栽土壤的温度受环境温度影响变幅较大。

（2）水分、养分供应不足。体积小决定了盆栽容器内的土壤数量有限，土壤中的水分及养分的储备少，需要通过经常浇水和定期施肥来补充。

（3）需要定期更换容器和容器内的土壤。植物的生长对土壤中的水、肥、气和热的需求越来越多；同时，根系的伸展也受到容器的限制，使得植物根系和地上部分比例失调。因此，需要定期更换容器和容器内的土壤，也就是常说的“倒盆”。

第六章　肥料基础知识

第一节　肥料的概念、类型及其特性

一、肥料

凡是施入土壤中或处理植物地上部分，能直接或间接供给植物养分，或改良土壤性状的物质，都可称为肥料。

肥料在园林绿化中具有重要意义，它能保证园林植物枝叶茂盛，花多花大，色彩鲜艳。随着城市建设的发展，工业废料、废水、废气的排放，生活居住区垃圾、烟尘、污水扩散，空气、水源、土壤被污染，严重影响了植物的生长。因此，提高肥料质量，合理施肥，充分发挥肥效，是提高园林绿化效果的重要一环。

二、肥料的类型

1. 按肥料的来源分类

1）自制肥料

它是指经人工堆积制作的肥料，如人粪尿、厩肥、堆肥等，通常以有机肥料为主。

2）商品肥料

它是指由工厂生产加工制作、销售供应的肥料，如化肥、微量元素肥料等。

2. 按肥料的特点分类

1）直接肥料

它是指直接作为植物营养来源的肥料，如氮、磷、钾肥等。

2）间接肥料

它是指用于改善土壤物理、化学性质的肥料，如石灰、石膏等。

3. 按含有的化学成分分类

1）单元素肥料

它是指只含有一种营养元素的肥料，如氮、钾肥等。

2）复合肥料

它是指含有两种或两种以上营养元素的肥料，如磷酸二氢钾。

4. 按肥效的快慢分类

1）速效肥料

它是指施用后短期就能见效的肥料，如硫铵等。

2）迟效肥料

它是指经长期的腐熟分解才能被植物吸收的肥料，如垃圾、磷矿粉等。

3）缓效肥料

它是指施用后经过较短时间的转化，植物就能吸收的肥料，如人粪尿、厩肥、鱼肥等。

5. 按肥料的生理化学性质分类

1)生理酸性肥料

它是指植物吸收盐基离子而残留酸根,使土壤酸性增加的肥料,如硫铵。

2)生理中性肥料

它是指植物吸收全部离子,使溶液呈中性的肥料,如硝酸铵。

3)生理碱性肥料

它是指植物吸收酸根,残留盐基离子,使土壤碱化的肥料,如硝酸钠。

三、施肥的方式

按照肥料施用的目的和施肥期可作以下分类。

1. 基肥

在播种或定植前,将大量的肥料经翻耕埋入地内,称施基肥。一般以有机肥为主,如绿肥、厩肥等。

2. 追肥

根据植物不同生长季节和生长速度的快慢,补充增施的肥料,称为追肥。一般施用速效化肥,如硫铵、硝铵等。

3. 种肥

在播种或定植时施用的肥料,称为种肥。种肥细而精,经充分腐熟,含营养成分完全,如腐熟的堆肥、复合肥料等。

4. 根外追肥

在植物生长季节,根据植物生长情况,及时地喷洒在植物体上的肥料称为根外追肥,如用尿素溶液喷洒。

四、施肥的方法

根据肥料的种类和土壤及植物对肥料的需要情况采用的施肥手段,称为施肥的方法。

1. 全面施肥

在播种、育苗定植前,在土壤上普遍地施肥,一般采用基肥的方式,多使用厩肥、堆肥、绿肥等。

2. 局部施肥

根据植物对营养的要求和不同苗本的生长情况,将肥料只施在局部地段或地块,为局部施肥,常用化肥、人粪尿等。

局部施肥包括沟施、条施、穴施和撒施。

1)沟施

沟施是指在植物根附近开沟,将肥料均匀地撒入沟内,覆土盖严。

2)条施

条施是指开沟或不开沟,沿行直接撒在地上,经中耕覆盖的施肥方法。

3)穴施

穴施是指在植物根附近挖穴,将肥施入覆盖埋土。

4）撒施

撒施是指直接用机械或人工将肥撒布在地表。

5）环状施肥

大树或果树施肥时，沿树冠投影的周围开沟，将肥料填入沟内，充分与土混合，覆土掩埋。

第二节　化学肥料的概念和特点

一、化肥概念

凡是用化学方法合成的或用矿石加工精制成的肥料，称为化学肥料，又称无机肥料或商品肥料，简称化肥。

二、化肥的特点

化肥成分比较单纯，大部分只含有一种营养元素，含两种以上者较少，不含有机质，因此，又称不完全肥料。随着化学工业的发展，化肥发展的趋势向多种营养元素复合肥料发展。化肥的养分含量高，肥效快，易溶于水被植物吸收，但肥效持续时间短，易被淋湿。长期使用化学肥料可能造成土壤板结，破坏土壤的物理和化学性质。因此，应配合施用有机肥料。

另外，化肥体积小，养分含量高，运输和使用方便，但易潮解结块，造成养分消耗，施用时有一定的困难。因此，贮藏和运输时应避免受潮。

三、化肥的种类

按所含主要成分，可将化肥归纳为下列几类。

（1）氮肥：含氮素为主的化学肥料，如硫铵、碳酸氢铵、氯化铵、尿素、硝酸铵等。

（2）磷肥：含磷为主的化学肥料，如过磷酸钙、钙镁磷肥等。

（3）钾肥：含钾为主的化学肥料，如硫酸钾、氯化钾等。

（4）复合肥料：含有两种或两种以上营养成分的化学肥料，如磷酸铵等。

（5）微量元素肥料。

第三节　有机肥料的概念及其特点

一、有机肥料的概念

有机肥料是就地取材，利用天然柴草，动植物残体，人、牲粪尿，河泥，垃圾等作原料，经人工堆积或利用上述原料制成的。有机肥料成分复杂，含有机质及各种营养元素，是一种完全肥料。

二、有机肥料的特点

有机肥料含有丰富的有机质，肥源足，特别是城市垃圾更是取之不尽。有机肥料营养全面，副作用小，具有缓冲作用，稳定酸度，能改善和调节土壤中水、肥、气、热的关系，为植物生长创造良好的条件。有机肥料中含有各种激素和酶，能刺激植物生长。有机肥料所含养分状况属于迟效态，必须经过腐熟分解才能转化为有效态为植物吸收利用。

由于有机肥料分解缓慢,养分不易淋失,因而肥效稳而长,通常称它为迟效肥料;又由于有机肥料养分含量低,体积庞大,因此,贮存和运输都较费工,施用时也不方便。要使植物在不同时期及时地获得足够的养分,单靠施用有机肥料,有时并不能满足植物的要求,必须配合施用化学肥料,以弥补不足,但有机肥料对土壤和植物的特殊作用是任何化肥所不能代替的。

第四节 微生物肥料

一、微生物肥料的概念

微生物肥料又称生物肥料、接种剂或菌肥等,是指以微生物的生命活动为核心,使农作物获得特定的肥料效应的一类肥料制品。

微生物肥料和微肥有本质的区别:前者是活的生命,而后者是矿质元素。微生物资源丰富,种类和功能繁多,可以开发成不同功能、不同用途的肥料。而且微生物菌株可以经过人工选育并不断纯化、复壮以提高其活力,特别是随着生物技术的进一步发展,通过基因工程方法获得所需的菌株已成为可能。

微生物肥料的功效是一种综合性作用,一般不直接为农作物提供营养元素,主要起间接营养的作用,归纳起来主要有如下四个方面。

1. 增进土壤肥力

这是微生物肥料的主要作用之一。例如各种自生、联合或共生的固氮微生物肥料,可以增加土壤中的氮素含量;多种溶磷、解钾的微生物,如芽孢杆菌、假单胞菌的应用,可以将土壤中难溶的磷、钾分解出来,转变为作物能吸收利用的磷、钾化合物,使作物生长环境中的营养元素供应增加。一些微生物肥料的应用,增加了土壤中的有机质,提高了土壤的肥力。

2. 改良土壤结构

微生物还能分泌产生大量的胞外多糖类物质,如荚膜多糖、肽聚糖等。研究表明,这些有益微生物产生的糖类物质,占土壤有机质的0.1%,它们能与植物根系分泌物、土壤胶体等共同作用,形成土壤团粒结构。此外,它们还参与腐殖质的形成,改善土壤理化性质。

3. 刺激作物生长

有些微生物肥料中的微生物还可分泌植物激素类物质、维生素等,刺激和调节作物生长发育。

4. 改善作物品质

许多微生物肥料能改善作物品质。根瘤菌固定的氮素能输往籽粒,使得豆科作物籽粒蛋白质含量提高。此外,一些蔬菜施用某些微生物肥料之后,能增加其中的维生素含量,降低叶菜类作物中的硝酸盐含量,提高果菜类作物中的糖分含量等。

第五节 影响施肥的因素

一、土壤因素

土壤所含各种养分多,就可能充分满足植物各生长发育期对养分的需要。但是,土壤养分存在的形态(速效态、迟效态)却与土壤质地、土壤结构、土壤酸碱度和土壤微生物有关。因此,注意土壤因素,才能做到合理施肥,达到施肥目的。

砂质土壤通气良好,有机质分解快,施肥后养分转化快,但不持久,并易于流失。如施无机肥料,应"少量多次"施用。但黏质土壤,因含水分较多,透气性差。微生物活动弱,有机质分解缓慢,应早施有机肥,以利于分解转化。

土壤中许多养分转化过程都有微生物参与,它们除了从有机肥料中获得碳素营养和能量外,还需要吸收一些有效氮素,因此,施用碳氮比率高而未经腐熟的有机肥料,容易造成土壤中暂时缺氮,引起植物脱肥现象。

土壤水分可以溶解肥料,输送养分。水分不足,肥效不能充分发挥;水分过多,又可能造成肥料流失。

结构良好的土壤,水、气状况协调,施肥后不但微生物对养分的转化加速,而且也由于促进了根系的呼吸,而增强了植物对养分的吸收。

土壤酸碱性对养分的有效性影响最大,因此在选用肥料时,肥料的种类和施用方法都应考虑。例如在石灰性土壤上培喜酸性土壤的花卉,如山茶花、杜鹃花、含笑、栀子花等,常表现出缺铁现象。土壤施肥常得不到明显效果,若采用叶面施肥效果就好些。

二、植物因素

植物生长各个阶段及不同植物对养分的需要无论是数量还是比例都是不相同的。因此,必须根据植物的营养吸收特点,采取适当的施肥措施。如在树木花卉植株生长旺盛时期,适当地多施氮肥,加强植物的生理活动,促进新陈代谢过程,促使植物旺盛生长。氮素能促进植株叶面积增加和营养器官发育,使树木花卉叶色浓绿,多分枝而健壮,为繁殖器官的形成创造良好的条件。

又如在菊花营养生长期,多施氮、钾肥可使枝叶茂盛,根系发达。当花蕾形成后,需多施磷肥,可使花大,花色鲜艳而有光彩。但在施用中,又要根据它的生长发育特点来合理施肥。立秋前,气温高,菊苗生长缓慢,需要的养分不多,施肥不宜过浓,否则,会因高温损坏根系,产生肥害。因此,立秋前施肥,次数要少,浓度要淡,目的是培养发达的根系,为秋后生长打下基础。立秋后,气温降低,菊苗已定植于盆中,生长迅速,为补充土壤养分,施肥必须由淡到浓,逐渐加大比例。花蕾形成后,要施重肥,并多施磷肥。品种不同,磷肥用量也不同,细瓣菊花及绿色品种不喜重肥,因此应掌握轻施薄施的原则。总之,应根据植物生长状况来决定施肥的具体方案。

一般情况下,在苗期应多施磷、钾肥,促进根系生长、复青壮苗和增强抗逆性;生长旺期应以氮肥为主;越冬期或后期,应多施磷、钾肥,提高植物抗旱、抗寒能力。

三、气候因素

这主要是指温度、雨量、日照等影响土壤养分状况和园林植物吸收养分的气候方面的因素。

冬季气温低,植物生长缓慢,或处于休眠状态,吸收养分的能力大大下降,对养分的需要量很少,因此,这时可施迟效和分解缓慢的肥料,如厩肥、人粪尿、饼肥等有机肥料。这些肥料肥效长,并能起到抗寒保温、改良土壤的作用。

春、夏、秋季正值园林植物生长的旺期,需要大量肥料,但此时温度较高,雨水较多,肥料分解快,养分易流失,因此,这时应追施各种成分的速效肥料。

如降雨连绵,日照不足时,施用速效肥料,植物吸收较慢。因雨水多,养分易流失,施用时宜少量多次。晴天日照充足,光合作用强,植物的新陈代谢旺盛,吸收养分多,稍多施一些肥料,尤其是氮肥,效果更好。施肥应选择晴天进行,下雨或刮风时不宜施肥。

第六节　合理施肥

做到合理施肥除了要了解植物的营养特点、施肥原理以及影响施肥的因素外,正确地施用各种肥料、科学地确定肥料用量以及合理储存肥料都是必须考虑的问题。肥料的合理施用都各有特点,必须根据肥料的成分和性质,结合正确的施肥方式和方法合理施用。在实际生产中,很少单一施用某种肥料,往往是多种肥料互相配合施用,这样各种肥料可以取长补短,相互促进,更好地发挥各自的作用。

一、有机肥料与化学肥料配合施用

化肥和有机肥配合施用可以缓急相济、稳中求速,既有利于保持园林植物营养供给的连续性,又有利于保证植物在最大效率期对养分的大量需求,为实现稳产高产奠定良好的营养基础。

化肥和有机肥配合施用可以促进彼此的肥效,改良土壤,培肥地力,提高植物产品的质量,增强土壤的供肥能力,达到土壤用养结合的目的。

在当前园林生产中化肥用量明显增加的情况下,应该大力提倡化肥和有机肥料的配合施用。

二、氮、磷、钾肥配合施用

氮、磷和钾是植物从土壤中吸收最多的营养元素,在植物体内的作用是相互促进、相互制约的。植物对氮、磷、钾的需求是有一定比例的。磷素可以促进植物对氮素营养的吸收;而植物对磷素营养的吸收又受到氮素的影响。钾肥的肥效,只有在氮、磷的配合下,才能充分发挥出来。所以,单一施用其中任意一种肥料都不能发挥其最大效应,只有三者按照一定的比例配合施用,才能使各自的肥效最大化。

在实际生产中,要不断研究园林植物对三要素需求的比例和数量,做到为植物提供合理的氮、磷和钾素营养,保证植物的正常生长发育。

三、大量元素肥料与微量元素肥料配合施用

植物不仅需要氮、磷、钾等大量元素,而且也需要微量元素。只有植物需要的所有元素都得到满足时,植物才能正常生长。只注意施用大量元素肥料,而忽视微量元素的供应,植物会出现多种生理病害,生长发育受到严重影响。如缺锌果树出现的“小叶病”,缺硼引起的“花而不实”等病症。植物吸收微量元素的数量很少,但它们的营养功能是大量元素所不能代替的,这也是植物营养元素的同等重要性和不可替代性的重要体现。所以,在园林生产中,在大量元素肥料施用的基础上,必须根据土壤情况和植物营养特点,配合施用微量元素

肥料。

四、基肥、种肥和追肥配合施用

这三种施肥方式的紧密配合，是合理施肥、科学种植的重要表现。基肥的施用满足了植物整个生育期对养分的基本需求。种肥为种子萌发和幼苗生长提供了有利的营养保障。追肥解决了植物在旺盛生长阶段对养分的大量需求。三种施肥方式的紧密配合，不仅满足了植物各个生育期对养分的需求，为植物高产提供良好的养分条件，同时也是改良土壤、培肥地力的重要措施。

基肥、种肥和追肥配合施用过程中，要注意肥料种类的选择与搭配。基肥和种肥要求养分全面。追肥要求肥效迅速。对有些在土壤中转化较慢的化肥，如尿素做追肥要提前施用。在植物体内移动较慢的元素，如钾素，补充宜早不宜迟。

第三部分 园林植物病虫害知识

第一章 昆虫基础知识

昆虫与园林植物的关系十分密切。园林植物既是昆虫的生活环境，又是其主要的食物来源。绝大多数昆虫对园林植物是有害的，但也有部分昆虫直接或间接对植物有益。

第一节 昆虫形态

昆虫属于昆虫纲节肢动物门，是动物界种类最多、分布最广、适应性最强、群体数量最大的一个类群。现存的昆虫种类超过 3 000 万种，有记载的大约有 110 万种。

一、昆虫体躯的分段、分节

昆虫因种类不同，它们的身体构造差别很大，但基本构造是一致的。昆虫纲成虫的共同特征是：体躯分头、胸、腹三个体段（如图 1-3-1-1）。昆虫头部有口器和一对触角，通常还有 2~3 个单眼和一对复眼；胸部由三节构成，生有三对分节的足，大部分种类有两对翅；腹部一般由 9~11 个体节组成，末端生有外生殖器，有的昆虫还有一对尾须。昆虫身体的最外层是坚韧的"外骨骼"。

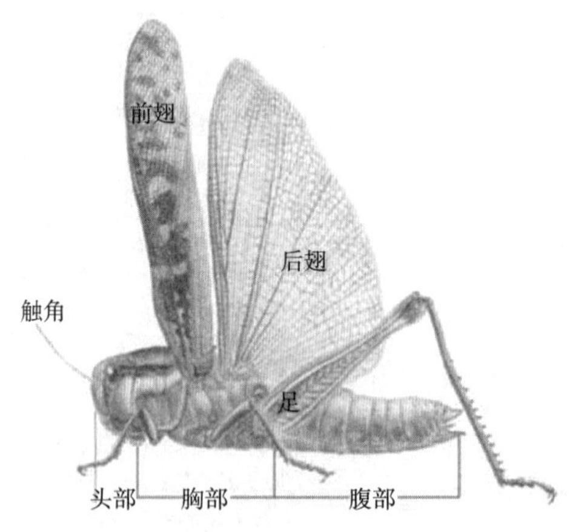

图 1-3-1-1 蝗虫体躯基本构造

二、昆虫的头部

昆虫的头部一般呈圆形或椭圆形，位于体躯最前方，外表是坚硬的头壳。头部的附器有触角、复眼、单眼等感觉器官以及取食的口器。因此，昆虫的头部是感觉和取食中心。

1. 触角

昆虫除少数种类外，头部都有一对触角（如图 1-3-1-2），着生在额的两侧，其上生有各种感觉器官，具有触觉和嗅觉功能，是昆虫接收信息的主要器官，借以觅食和寻找配偶。触角由许多环节组成，基部第一节称为柄节，第二节称为梗节，梗节以后的各小节统称鞭节。

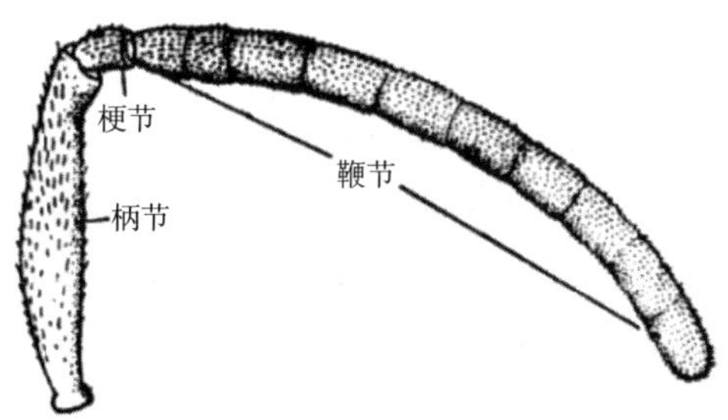

图 1-3-1-2　昆虫的触角

触角的形状因昆虫种类和雌雄不同而异，常作为识别昆虫种类的重要依据。常见的昆虫触角有以下几种类型（如图 1-3-1-3）。

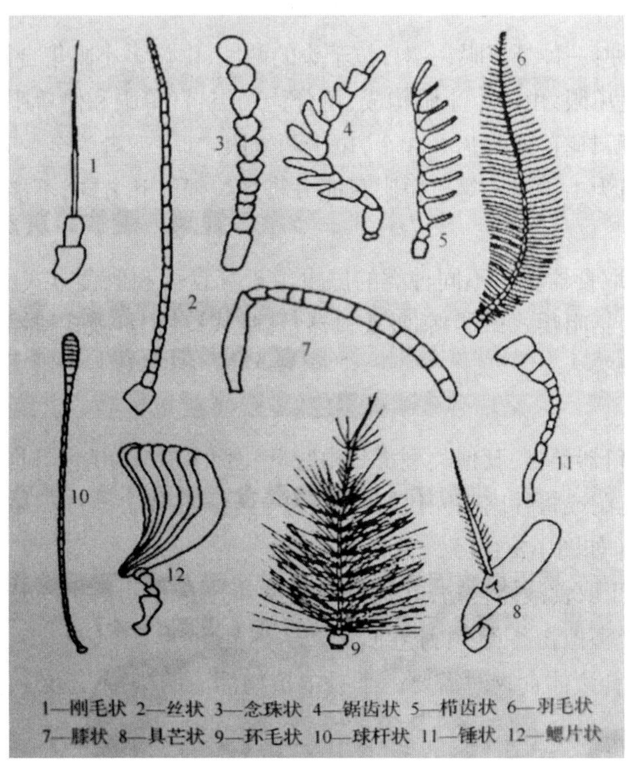

图 1-3-1-3　昆虫触角的主要类型

（1）刚毛状。触角短，基部一、二节粗大，鞭节细，似刚毛。如蝉、蜻蜓。

（2）丝状。触角细长如丝，除基部一、二节稍大外，其他各节大小和形状基本相同。如蝗虫、蟋蟀、螽斯。

（3）念珠状。鞭节各亚节形似小球，整体如念珠。如白蚁。

（4）锯齿状。鞭节各亚节向一侧突起呈锯齿状。如部分叩头虫、芫菁。

（5）栉齿状。鞭节各亚节向一侧突起显著，状如梳子。如部分叩头虫、雄豆蟓。

（6）羽毛状。鞭节各亚节向两侧突起，似羽毛。如蚕蛾。

（7）膝状，又叫肘状。柄节特别长，梗节短小，鞭节由大小相似的亚节组成，在柄节和梗节之间成膝状或肘状弯曲。如象甲、蜜蜂、蚂蚁等。

（8）具芒状。鞭节不分亚节，较柄节和梗节粗大，其上有一刚毛状或芒状构造，称触角芒，为蝇类特有。

（9）环毛状。鞭节各亚节均生有一圈细毛，越近基部的细毛越长。如雄蚊。

（10）球杆状，又叫棒状。鞭节细长如丝，末端数节逐渐膨大，似棒球杆。如蝶类。

（11）锤状。似棒状，但较短，鞭节末端突然膨大，形似锤状。如瓢虫、小蠹。

（12）鳃片状。鞭节末端几节延展成片状，形似鱼鳃。如金龟子。

2. 复眼和单眼

眼是昆虫的视觉器官，在昆虫的取食、栖息、繁殖、避敌、决定行动方向等各种活动中起重要作用。

昆虫的眼有两种：一种是复眼，一对，位于头的两侧，由许多小眼集合而成，是昆虫的主要视觉器官；另一种是单眼，由一个小眼构成，可分为两类：背单眼和侧单眼。前者一般为成虫和不全变态的若虫所具有，通常为 0~3 个，位于两复眼之间；后者为全变态的幼虫所有，位于头部两侧下方，数目为 1~7 对不等。单眼只能分辨光线强弱和方向，不能分辨物体和颜色。

3. 口器

口器是昆虫的取食器官。不同种类的昆虫由于其食性和取食方式的不同，产生了各种不同的口器类型，包括咀嚼式口器、刺吸式口器、锉吸式口器、虹吸式口器、舐吸式口器、刮吸式口器、嚼吸式口器等。

1）咀嚼式口器

这是最原始的口器类型，其他类型都是由它转化而来的。咀嚼式口器取食固体食物，常造成叶片的缺刻、孔洞或将叶肉啃光仅留叶脉，甚至全部吃光。

2）刺吸式口器（如图 1-3-1-4）

刺吸式口器便于取食液体食物，它是由咀嚼式口器转化而来的，常造成植物受害部位出现褪色的斑点，使受害植物萎蔫、叶片卷曲、皱缩、枯萎、畸形，或在叶、茎、根上形成虫瘿。刺吸式口器昆虫在取食液体食物时需要一个吸吮植物汁液的构造，还必须有一个刺破植物的构造——口针。

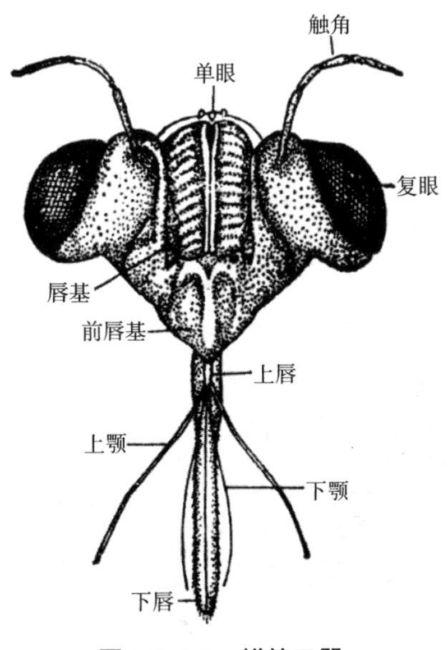

图 1-3-1-4　蝉的口器

3)其他口器类型

它包括锉吸式口器(蓟马)、虹吸式口器(蝶、蛾类成虫)、舐吸式口器(蝇类成虫)、刮吸式口器(蝇类幼虫)、嚼吸式口器(蜜蜂)等。

4. 头部的形式

口器在头部的着生方式分为以下三种形式。

1)下口式

口器向下,头部和体躯纵轴差不多成直角。如蝗虫、蟋蟀、蝶蛾类幼虫等,大多见于植食性昆虫。

2)前口式

口器向前,头部和体躯纵轴差不多平行,如步行虫、草蛉、蝼蛄等大多见于捕食性昆虫和蛀干害虫或地下害虫。

3)后口式

口器向后,头部和体躯纵轴成锐角,多为刺吸式口器昆虫,如蝉、蚜虫、蚧壳虫等。

三、昆虫的胸部

昆虫的胸部分为三个部分,即前胸、中胸、后胸,分别着生前足、中足、后足。在中胸和后胸上着生一对前翅和一对后翅。因此胸部是昆虫的运动中心。

1. 胸部的构造

昆虫的每一胸节都是由背板、两个侧板和腹板这 4 块骨板构成的,各骨板又被若干沟缝划分为一些骨片,如盾片、小盾片等,常作为辨识昆虫种类的依据。

2. 胸足的构造和类型

胸足是昆虫胸部的附器,是昆虫的运动器官,着生在胸部侧板和腹板之间的基节窝内。成虫的胸足类型很多,但基本结构相同,有六部分构成:基节、转节、腿节、胫节、跗节、前跗节。

昆虫的胸足原本是适于行走的器官，但由于适应不同的生活环境，特化成了形态和功能不同的足，常见的胸足类型有以下几种（如图 1-3-1-5）。

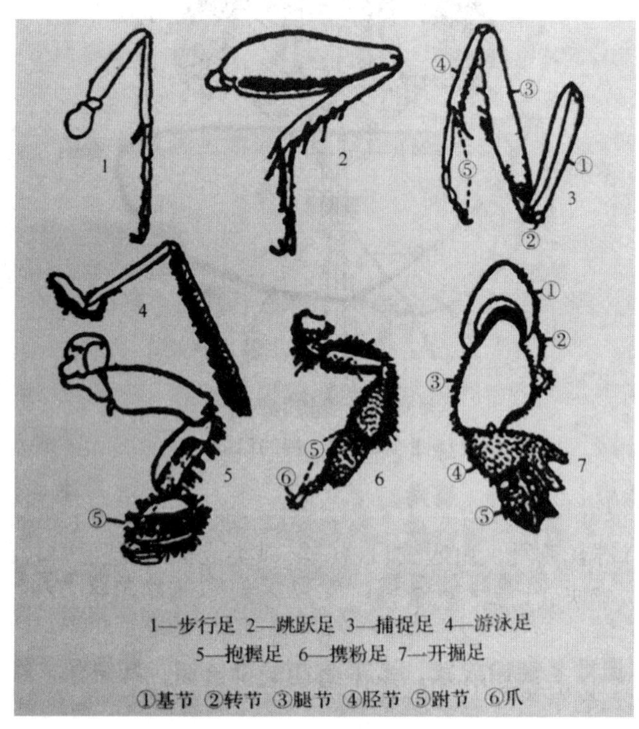

图 1-3-1-5 昆虫足的类型

1）步行足

这是昆虫最常见的足类型，各节无显著变化，发育均匀，较细长，适于行走。如步甲、瓢虫等。

2）跳跃足

跳跃足由后足转化而成，腿节特别发达，胫节细长，适跳跃。如蝗虫、蟋蟀等的后足。

3）捕捉足

捕捉足基节延长，腿节腹面有槽沟，胫节有齿与腿节互嵌合成铡刀状，适于捕捉其他昆虫。如螳螂、猎蝽等的前足。

4）游泳足

足扁平，各节延长，边缘有较长的缘毛，适于划水。如龙虱的后足。

5）抱握足

抱握足较短粗，跗节特别膨大，具吸盘状构造。如龙虱雄虫的前足。

6）携粉足

胫节宽扁，两边有长毛，相对环抱，用于携带花粉，俗称花粉篮。如蜜蜂的后足。

7）开掘足

胫节膨大，宽扁有齿，适于掘土。如蝼蛄、一些金龟子等的前足。

3. 翅的构造与类型

昆虫是无脊椎动物中唯一有翅的类型。翅的存在便于昆虫在觅食、避敌、求偶、扩大分布等方面获得优越的竞争能力。昆虫翅是由背板侧片延伸而来的，呈三角形，具有三边和三角。为了适应翅的折叠和飞行，翅上有褶线（臀褶、轭褶、基褶），这些褶线将翅划分为四区。

根据质地和被覆物的不同，昆虫的翅可以分为：膜翅、复翅、鞘翅、半鞘翅、鳞翅、缨翅、平衡棒等（如图 1-3-1-6）。

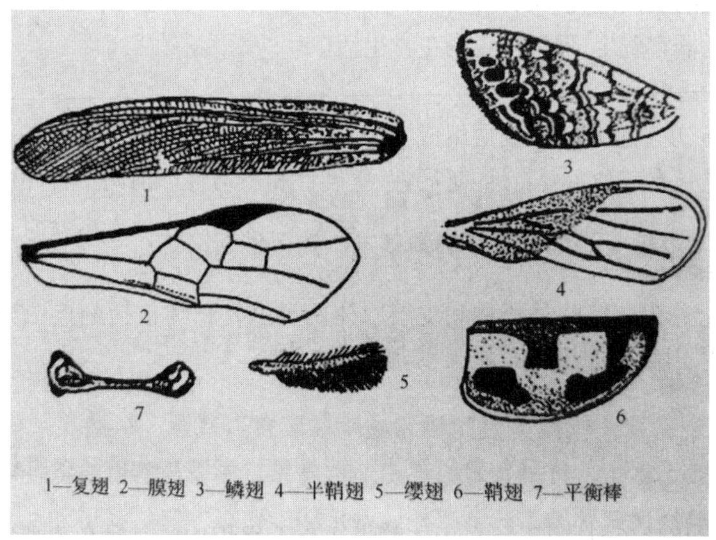

图 1-3-1-6　昆虫翅的类型

1）复翅

翅革质，较厚，翅脉仍保留但不明显，如蝗虫、蟋蟀的前翅。

2）膜翅

翅膜质、透明，翅脉明显可见，如蝉、蜻蜓等。

3）鳞翅

翅膜质，翅面上覆有鳞片，如蝶、蛾类 。

4）半鞘翅

翅的基部为革质，端部为膜质，有翅脉，如蝽类的前翅 。

5）缨翅

翅膜质、狭长，翅脉退化，边缘上着生很多细长的缨毛 ，如蓟马类 。

6）鞘翅

翅角质坚硬，翅脉消失或不明显，具有保护身体的作用，如金龟子、步甲、天牛、瓢虫等的前翅。

7)平衡棒

平衡棒又叫棒翅。后翅退化成很小的棍棒状,飞翔时用以平衡身体,如蚊、蝇、雄性介壳虫的后翅。

四、昆虫的腹部

昆虫的腹部是昆虫的第三大体段,由9~11节组成,通常1~7节较为明显,8~9节合并压缩,着生生殖器官,有些昆虫第11节着生尾须,各节以节间膜套叠相接,能扩张、伸缩、扭曲。腹部有各种内脏如消化、排泄、循环、呼吸和生殖系统。因此腹部是昆虫的代谢和生殖中心。

五、昆虫的体壁及其衍生物

体壁是昆虫的表面外壳,又称外骨骼,它既能保护内脏,防止失水和外来物的侵入,又供肌肉和各种感觉器官着生,保证昆虫的正常生活。

1. 体壁的构造和性能

体壁由底膜、皮细胞层和表皮层组成。

昆虫的体壁具有三种主要特性:延展性、坚硬性和不透性。前两个特性构成了坚硬而轻便的外骨骼,第三个特征既能阻止体内水分过量蒸发,又能防止外来水分和有害物质侵入。

2. 体壁衍生物

体壁衍生物分为体壁的外长物和皮层腺体两类。外长物包括刻点、皱褶、突瘤、刚毛、鳞、刺、距等。皮层腺体包括唾腺、蜡腺、臭腺、脱皮腺等。

3. 体壁的色彩

根据体色的性质,体壁的色彩可分为以下三种。

1)色素色

色素色又称化学色,是由于存在于体壁中或皮下组织内的某种色素所产生的颜色,它们大部分是新陈代谢的副产物,易受外界环境因素的影响而变化。许多幼虫的绿色则是由于体内存在有吞入植物的叶绿素和花青素所致。色素一般存在于皮细胞或脂肪细胞以及血液内,因此,昆虫死亡,色素也就消失。色素可以经漂白或热水处理而消失。

2)结构色

结构色又称物理色。这是由于昆虫体壁上有极薄的蜡层、刻点、沟缝或鳞片等细微结构,使光波发生折射、反射或干扰而产生的各种颜色。如甲虫体壁表面的金属光泽和闪光等,是永久不褪的,也不能被化学药品或热水处理而消失。

3)混合色

混合色又称合成色,是由上述两种色素综合而成的,昆虫的体色大都属于此类。

第二节　昆虫生活与环境

一、昆虫的生长发育

1. 生殖方式

昆虫常见的繁殖方式有两性生殖、孤雌生殖、多胚生殖和卵胎生等。

两性生殖是绝大多数昆虫雌雄异体进行交尾、受精,由雌虫将受精卵产出体外,卵经过孵化成为新个体的生殖方式。孤雌生殖即昆虫不经过交尾或卵不经过受精而发育成新个体的生殖方式。这种繁殖方式又分为偶发性、周期性、经常性孤雌生殖三类。多胚生殖即由一个成熟的卵发育成两个或更多的胚胎的生殖方式。卵胎生是受精卵在母体孵化，而后产离母体的现象，如麻蝇。

2. 昆虫发育与变态

昆虫的个体发育可分为胚胎发育和胚后发育两个阶段。胚胎发育是指从卵受精开始到幼虫破开卵壳孵化为止。胚后发育是指幼虫自卵中孵出到成虫性成熟为止。在胚后发育过程中，需要经过一系列外部形态、内部构造以及生活习性的变化，这种现象称为变态。最常见的变态类型有不全变态和全变态两种（如图 1-3-1-7）。昆虫的发育一般经过卵期、幼虫期、蛹期和成虫期四个阶段。

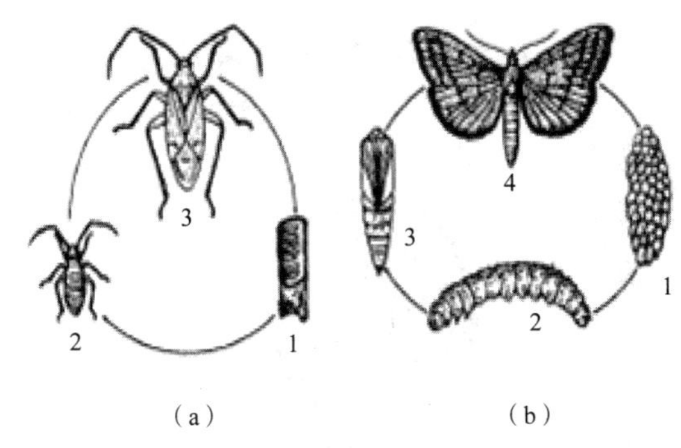

图 1-3-1-7　昆虫变态类型

（a）不全变态；（b）全变态

1）卵期

卵期即卵从母体产下到卵孵化所经过的时期。卵期的长短因种类和环境的不同而有差异。此期昆虫不食，不动，较难防治。

昆虫卵的形状多种多样，常见的有半球形（小地老虎）、长卵形（蝗虫）、球形（甘薯天蛾）、有柄形（草蛉）、桶形（蝽象）。昆虫产卵有的在土壤里，如蝗虫、蝼蛄；有的在植物表面，如蚜虫，蝽象；有的产于植物组织里，如螽斯、叶蝉。昆虫的产卵方式包括：①块产，如螳螂；②散产，如天牛；③聚产，如舟形毛虫。

2）幼虫期

昆虫从卵孵化出来后到出现成虫特征（不完全变态类变成成虫，或完全变态类化蛹）之前的整个发育阶段，都可称为幼虫期。在昆虫的发育史中，幼虫随着龄期的增大，取食量也逐渐增大，通常 1~3 龄取食量小，龄期长，4 龄后龄期逐渐缩短，取食量也随之猛增。幼虫期的明显特点是大量取食和以惊人的速度增大体积。由于幼虫期是大量取食的阶段，所以很多农林害虫的危害期都是幼虫期，因而常常也是防治的重点虫期。

幼虫刚从卵孵化出来时，虫体很小，取食后虫体不断增大，当增大到一定程度时，由于坚韧的外骨骼限制了它的生长，所以必须脱去旧表皮，重新形成新表皮，才能继续生长，这一过程称为脱皮。每脱一次皮，虫体就显著增大，形态也发生相应的变化。两次脱皮之间的时间称为龄，每次脱皮后的虫期叫虫龄。从卵孵化出到第一次脱皮之间的时期为第一龄期，这时的幼虫称为1龄幼虫；第一次与第二次脱皮之间的时期为第二龄期，这时的幼虫称为2龄幼虫；以此类推，最后一龄幼虫又称末龄幼虫或老熟幼虫。

幼虫足的类型如下（如图1-3-1-8）。

（1）无足型。无胸足腹足，如蛆、天牛幼虫。

（2）多足型。除3对胸足外还有多对腹足，如蝶类、蛾类幼虫。

（3）寡足型。有胸足无腹足，如蛴螬。

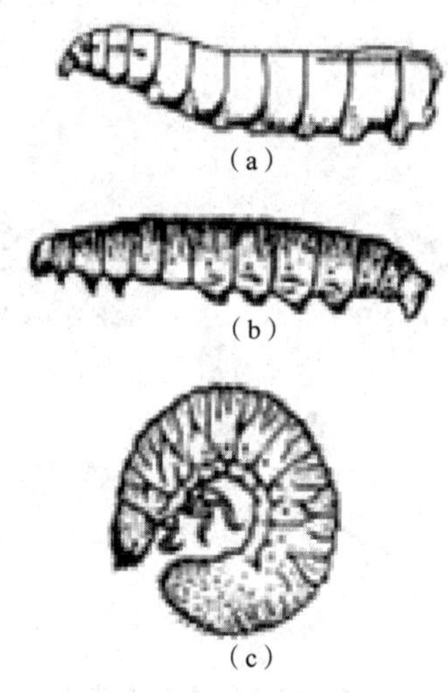

图1-3-1-8 幼虫足的类型

（a）无足型；（b）多足型；（c）寡足型

3）蛹期

幼虫老熟后停止取食，寻找适当场所，缩短身体，不活动，变形成蛹，这一过程称为化蛹。从蛹变成成虫所经过的时期，称为蛹期。蛹期是全变态类昆虫所特有的发育阶段，也是幼虫转变为成虫的过渡时期。昆虫的蛹由于不能活动，易遭受敌害，同时对外界不良环境条件的抵抗力也较差，因此蛹期是昆虫生命活动中的一个薄弱环节，所以昆虫在化蛹前常选择适于化蛹的隐蔽场所，如在树皮裂缝中、在土内作土室、在卷叶内或植物组织内、甚至吐丝作茧，以免遭受敌害的侵袭和气候变化的不良影响。了解蛹期的生物学特性，破坏其生态条件，是消灭害虫的一个途径。

蛹的类型如下（如图1-3-1-9）。

（1）被蛹。复眼、足翅等紧贴身体不动，如蛾、蝶等。

（2）离蛹。附肢与身体分离并能动，如天牛、金龟子等。

（3）围蛹。蛹本身为离蛹，外被蛹壳，如蝇类等。

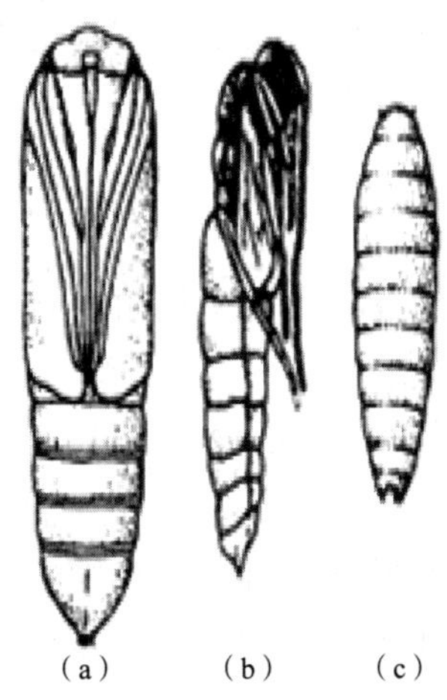

图 1-3-1-9　蛹的类型

(a)被蛹;(b)离蛹;(c)围蛹

4)成虫期

成虫是昆虫生命的最后阶段,其主要任务是交配、产卵以繁衍其种族,所以成虫期是昆虫的繁殖时期。成虫期寿命很短,不需要取食,即可交尾、产卵。

大多数昆虫刚羽化时性器官尚未发育成熟,为了完善性器官发育,需要少量取食以达到性成熟,这种现象叫补充营养。

成虫雌雄性别十分明显,表现在个体大小、形态差异、颜色变化等方面,这种现象叫性二型现象。

3. 昆虫的世代和生活史

昆虫由卵期开始发育至成虫产卵为止的个体发育周期称为一个世代。昆虫在一年内的发育史或一年中昆虫经历的世代数称为生活史。同一时期内出现前代和后代混合发生,代界不明显的重叠现象称为世代重叠。

二、昆虫的主要习性

1. 趋性

趋性是指昆虫对某种外部刺激如光、温、化学物质、水等所产生的反应行为。

(1)趋光性,即昆虫视觉器官对光线刺激所产生的反应。

(2)趋化性,即昆虫嗅觉器官对化学物质刺激所产生的反应。

(3)趋温性,即昆虫感觉器官对温度刺激所产生的反应。

2. 食性

1)按取食对象分类

(1)植食性:只取食植物,如蛾类幼虫。

(2)肉食性:取食活体动物,如螳螂、蜻蜓、瓢虫等。

(3)腐食性:取食死亡的动植物或粪便,如:屎壳郎、蝇类幼虫等。

(4)杂食性:动物植物都吃,如:蜚蠊、蚂蚁等。

2)按取食食物种类的多少分类

(1)单食性:只取食一种动植物,如:臭椿皮蛾只取食臭椿。

(2)寡食性:取食一科或近缘科的动植物,如:杨扇舟蛾只吃杨柳科植物,菜粉蝶取食十字花科植物。

(3)多食性:能取食多种动植物,如:金龟子、天牛、蝗虫、刺蛾等。

3. 假死性

假死性即有些昆虫具有一遇惊扰随即坠地不动的习性。

4. 群集性

同种昆虫大量个体高密度聚集在一起的习性。

5. 拟态和保护色

昆虫的形态与植物某些部位很相像,从而获得保护的现象称为拟态。昆虫具有的同它的生活环境背景相似的颜色来达到保护自己的目的,这种颜色称为保护色。

三、昆虫与环境的关系

影响昆虫发展的生态因子,按性质分为非生物因子、生物因子和人为因子 。

1. 非生物因子

1)温度

昆虫是变温动物,其生长发育和繁殖等生命活动都受温度的影响,尤其对昆虫的发育速度影响最大。能使昆虫正常生长发育、繁殖的温度范围,称为有效温度范围。在温带地区,温度范围通常为 8~40℃。

2)湿度

湿度对昆虫的数量消长影响最大,一般来源于食物、体壁吸附大气中的水分。昆虫适宜湿度是 70%~90%。湿度过高,昆虫体内水分不易蒸发,病菌传播,因此多雨季节能抑制昆虫生长。湿度过低,也不利于昆虫生长发育。

3)光

光影响昆虫的活动与行为,起信号作用。有些昆虫喜强光,白天活动,如蜻蜓。有些昆虫喜弱光,夜间活动,如蛾类,它对光谱 3 300~4 000 微米的紫外线有特殊敏感性,利用此原理可制成黑光灯诱杀此类害虫。

4)风

昆虫喜在微风中活动,大风或无风都不利其发育,强风还会使其急骤减少。风对昆虫的扩散和迁移影响较大。许多昆虫能借风力传播到很远的地方。

5)土壤

土壤是昆虫的一个特殊生态环境。土壤为昆虫抵御不良环境创造适宜的条件。有些昆虫终生在土壤中生活;有些大部分时间在土壤中度过;有些温暖季节在土壤外面活动,冬季又在土壤中休眠。人们掌握了昆虫对土壤环境的要求之后,可以通过耕作、施肥、灌溉等各种措施改变土壤条件,达到控制害虫、保护益虫的目的。

2. 生物因子

1)食物

食物是昆虫生存的重要因子,对昆虫分布有决定性的作用。

2)天敌

天敌是影响昆虫数量的重要因子,研究害虫与天敌之间的关系和变化规律是生物防治的重要理论基础。

(1)天敌昆虫:包括寄生性和捕食性两大类。寄生性天敌种类很多,主要包括寄生蝇、寄生蜂等。捕食性天敌常见的如螳螂、蜻蜓、草蛉、步甲、瓢虫、食蚜蝇等。

(2)捕食性鸟兽及其他有益动物:主要包括鸟类、青蛙、蜘蛛、蜥蜴、捕食螨等。

(3)病原微生物:常使昆虫在生长发育过程中染病死亡。主要包括细菌、真菌、病毒等。如:青虫菌、白僵菌、多角体病毒等。

四、昆虫与人类活动的关系

人类是改造自然的强大动力,对昆虫也必然有巨大影响,突出表现在以下方面。

1. 改变昆虫种类的组成

人类在生产活动中,常有目的地从外地引进某些益虫,如澳洲瓢虫相继被引进各国,控制了吹绵蚧。但人类活动中无意带进一些危险性害虫,如苹果棉蚜、葡萄根瘤蚜、美国白蛾等,也给生产带来灾难。

2. 改变昆虫的生活环境和繁殖条件

人类培育出抗虫、耐虫植物,大大减轻了受害程度;大规模的兴修水利、植树造林和治山改水活动,从根本上改变昆虫的生存环境,从生态上控制害虫的发生,对东亚飞蝗的防治就是一个例子。

3. 直接消灭害虫

人类大规模的治虫活动,对害虫的防治具有明显的作用。如近年来对森林害虫的飞机防治,果树食心虫、叶螨和卷叶蛾的成功防治,就是明显例证。但在化学防治中,由于用药不当又会出现某些害虫猖獗为害现象。如果树上的叶螨类久治不下,滥用农药就是主要原因之一。

第三节 昆虫类群

一、昆虫分类知识和分类系统

1. 分类意义

认识和掌握昆虫发生发展规律,进行分类研究,了解其亲缘关系,鉴定名称,为防治作出对策。

2. 分类阶元

昆虫的分类阶元与其他动植物分类相同,即:门、纲、目、科、属、种。昆虫属于动物界,节肢动物门,昆虫纲。

1)种的概念

种是能够相互配育的自然种群的类群,这些类群与其他近似类群有质的差别,并在生殖上相互隔离着,它是生物进化过程中连续性与间断性统一的基本间断形式。

2)昆虫纲的分类系统

昆虫纲分34个目,分类依据如下。

(1)翅的有无、形状及质地。

(2)口器的构造及类型。

(3)触角类型。

(4)尾须差异及变态类型。

二、与园林植物相关的十个目

不全变态有直翅目、等翅目、半翅目、同翅目、缨翅目;全变态有鞘翅目、鳞翅目、双翅目、膜翅目、脉翅目。

1. 直翅目

(1)蝗科,俗称蚱蜢。常见的种类有东亚飞蝗。

(2)蝼蛄科。常见种类有东方蝼蛄。

(3)螽斯科,俗称蝈蝈。常见的有绿螽斯。

(4)蟋蟀科,俗称蛐蛐。常见的种类有黄脸油葫芦、斗蟋。

2. 等翅目

白蚁科。常见的有家白蚁。

3. 半翅目(通称"椿象")

(1)蝽科。常见的有麻皮蝽。

(2)网蝽科。常见的有梨冠网蝽。

(3)猎蝽科。常见的有黑红赤猎蝽。

(4)盲蝽科。常见的有三点盲蝽。也有捕食性的益虫,如食蚜盲蝽。

(5)缘蝽科。常见种类有亚姬缘蝽。

4. 同翅目

(1)蝉科。我国常见种类有蚱蝉。

(2)叶蝉科。如大青叶蝉。

(3)蜡蝉科。我国常见种类有斑衣蜡蝉。

(4)木虱科。我国常见的有梧桐木虱。

(5)蚧总科。常见的如白蜡蚧、草履蚧。

(6)蚜总科,俗称腻虫。重要种类有槐蚜、月季长管蚜。

5. 缨翅目(通称"蓟马")

(1)蓟马科。常见的有葱蓟马。

(2)管蓟马科。常见的有中华管蓟马。

6. 鞘翅目(通称"甲虫")

(1)步甲科。步甲是重要的天敌类群之一,如麻步甲。

(2)叩甲科。常见的细胸叩甲。

(3)吉丁甲科。常见的有合欢吉丁虫。

（4）芫菁科。如绿芫菁。

（5）瓢甲科。益虫如七星瓢虫。害虫如马铃薯瓢虫。

（6）金龟甲总科。如铜绿丽金龟。

（7）天牛科。常见种类有光肩星天牛。

（8）叶甲科。又称金花虫，常见的有柳兰叶甲。

（9）象甲科。常见的有沟眶象。

（10）长蠹科。常见的有洁长棒长蠹。

7. 鳞翅目

（1）粉蝶科。常见的有菜粉蝶和橙黄粉蝶。

（2）凤蝶。常见的有柑橘凤蝶。

（3）蛱蝶科。常见的有黄沟蛱蝶。

（4）尺蛾科。常见的如中槐尺蠖。

（5）刺蛾科。常见的有黄刺蛾。

（6）天蛾科。常见的有霜天蛾。

（7）毒蛾科。如舞毒蛾，是世界性害虫。

（8）夜蛾科。常见的有小地老虎。

（9）透翅蛾科。常见的有葡萄透翅蛾。

8. 膜翅目

（1）叶蜂科。常见种类有蔷薇叶蜂。

（2）胡蜂科。常见的有金环胡蜂。

（3）蜜蜂科。中国蜜蜂和意大利蜜蜂都是普遍饲养的益虫。

（4）蚁科。蚂蚁。

9. 双翅目

（1）食蚜蝇科。常见的有大灰食蚜蝇。

（2）瘿蚊科。常见的有菊瘿蚊。

10. 脉翅目

草蛉科。常见的有大草蛉。

第四节　非昆虫有害动物

一、螨类

螨类属动物界，节肢动物门，蛛形纲，蜱螨亚纲内的真螨目。螨类主要为害植物的叶、花、果、块根等，以吸取植物汁液为害，可形成虫瘿。螨类也是传播病毒的媒介。一般可两性繁殖，也可孤雌繁殖，一年多则可达20~30代。世代重叠现象普遍。天敌有真菌、细菌、病毒、瓢虫、草蛉、盲蝽、食蚜蝇、捕食螨等。

二、蜗牛、蛞蝓

两类都属于软体动物腹足纲，身体分头、足、内脏团三部分，雌雄同体。蜗牛属于柄眼目,蜗牛科,有贝壳。喜阴湿,能分泌黏液。常见的有同型巴蜗牛、灰巴蜗牛。蛞蝓属于柄眼目,蛞蝓科,无壳,喜阴暗潮湿,怕光怕热。常见的有野蛞蝓、黄蛞蝓。

三、鼠妇

俗称西瓜虫。属于甲壳纲等足目潮虫科,灰色或褐色,宽扁有光泽。

第二章　园林植物病害基础知识

第一节 植物病害概述

一、园林植物病害的概念

园林植物在生长发育过程中受不良环境因素的影响或病原物侵染所发生的不健康生长如病斑、腐烂、坏死甚至死亡的现象称为园林植物病害。

病害包括了“病”和“害”两个方面:植物受到侵染和不利影响后产生的不正常状态称为“病”,而病植物带来的对人类需求的损失称为“害”。人类其实并不关心植物疾病,而是在意由于植物疾病所带来的危害。

二、园林植物病害的症状

症状是病状和病症的合称,是植物生病后的不正常表现。

寄主植物本身的不正常表现称为病状,如:萎蔫、失绿、坏死等。病菌在感病部位的特征性表现称为病症,如:白粉、黑粉、锈斑、烟煤等。

根据症状病害有以下几种:白粉病类、锈病类、斑点病类、腐烂病类、花叶或变色病类、肿瘤病类、丛枝病类、萎蔫病类、畸形病类、发霉或煤污病类。

三、园林植物病害的种类

园林植物病害分类标准如下。

(1)根据植物类型分,如花卉病害、观叶植物病害、木本植物病害、草坪病害、攀缓植物病害、水生植物病害等。

(2)根据植物发病的部位来分,如根部病害、枝干病害、叶部病害、花果病害等。

(3)根据病害的症状来分,如锈病、斑点病、丛枝病、肿瘤病等。

(4)平常使用最多的是根据引起病害的病原物来分类。这样分类的优点是可以指示病害的病因。在这个标准下,园林植物分为侵染性病害和非侵染性病害两种。由生物因素即病原物导致的病害称为侵染性病害。由非生物因素即不良环境导致的病害称为非侵染性病害。

侵染性病害又可进一步分为真菌病害、细菌病害、病毒病害、植原体病害、寄生性种子植物病害、线虫病害等;非侵染性病害也可进一步分为温度光照失调、水分失调、营养失调、有毒物质侵染等。

第二节　园林植物病原类群

一、侵染性病害的病原

病原,简单说就是植物发病的原因。

侵染性病害的病原均为有生活力的生物,被称为病原生物或病原物。病原物也被称为寄生物,它们依附的植物被称为寄主植物, 简称寄主。侵染性病害的病原种类很多,有动物界的线虫，植物界的寄生性种子植物，菌物界的真菌，原核生物界的细菌和植原体，还有非细胞形态的病毒界的病毒和类病毒。

1. 植物病原真菌

植物病原真菌多细胞微生物，丝状体，不含叶绿素，真菌引起病害种类占植物病害种类的 70% 以上。真菌营养体是菌丝，真菌繁殖体为孢子，与园林植物病害相关的真菌类群归属真菌界、真菌门，分五个亚门，包括鞭毛菌亚门、接合菌亚门、子囊菌亚门、担子菌亚门、半知菌亚门，此外还包括假菌界和原生生物界的部分有机体。真菌的生活方式一般由寄生和腐生。

2. 植物病原细菌

植物病原细菌是单细胞微生物，分裂繁殖，喜潮湿，雨水是传播媒介。与园林植物病害相关的细菌类群归属细菌门，分为五个属，包括假单胞杆菌属、黄单胞杆菌属、土壤杆菌属、欧氏杆菌属、棒状杆菌属。

3. 植物病毒

植物病毒无细胞壁，只有核物质，常引起花叶病、碎锦病、畸形、坏死等，病毒病害仅次于真菌病害居第二位，一般是全株性发病，依靠昆虫或接触时造成的伤口为传播途径。

4. 植原体

植原体原来称为类菌质体，我国报道的植原体病害有 70 余种。比较常见的有泡桐从枝病、菊花矮缩病等。

5. 植物病原线虫

植物病原线虫又称蠕虫，属线形动物门，线虫纲，长期存在于土壤中，多集中在 15 cm 的土层中，口针是植物寄生线虫最主要的标志。线虫可寄生植物各个部位，地下部位最容易受侵染，可引起植物根瘤。

6. 寄生性种子植物

寄生性种子植物无足够的叶绿素，不能进行光合作用，只能寄生在其他植物上，大约有 2 500 种，常见的有菟丝子、桑寄生、槲寄生等。

二、侵染性病害的侵染循环

侵染循环就是在一年里，植物侵染性病害连续发生的过程。它包括病原物的越冬越夏、病原物的传播和病原物的侵染过程。

1. 病原物的侵染过程

（1）接触期。

（2）侵入期。

（3）潜育期。

（4）发病期。

2. 病原物的越冬越夏

病原物越冬越夏一般有六个场所。

（1）病株。

(2)病株残体。

(3)种子。

(4)土壤。

(5)肥料。

(6)昆虫。

3. 病原物的传播

(1)气流传播。

(2)雨水传播。

(3)昆虫传播。

(4)人为传播。

三、非侵染性病害的病原

1. 营养失调

它包括元素缺乏和元素过量。元素缺乏称为缺素症，主要有缺氮、缺磷、缺钾、缺铁、缺锰等；元素过量也可以造成植物黄化、矮化、叶灼、枝枯甚至死亡。

2. 温度与光照失调

温度过高使植物出现灼伤；温度过低使植物出现冻害。光照过强往往伴随高温伤害，使植物灼伤；光照不足会影响叶绿素的形成，植物叶色苍白，提早落叶落花。

3. 水分失调

水分过多，发生水涝现象，阻碍植物根系呼吸，引起腐烂；水分不足，使植物产生脱水现象，引起萎蔫。

4. 大气污染

大气污染物种类很多，主要由人类燃烧和工业副产物引起，包括硫化物、氟化物、氯化物、臭氧、粉尘等，它们对植物造成不良影响，严重时使植物死亡。

第三节　杀菌剂的类型与常用杀菌剂

一、杀菌剂的类型

按化学成分可分为无机杀菌剂、有机杀菌剂、植物性杀菌剂、微生物杀菌剂；按施药方法可分为茎叶处理剂、种子处理剂、土壤处理剂；按作用方式分为保护剂、治疗剂。

二、常用杀菌剂

1. 无机杀菌剂

1)波尔多液

这是用硫酸铜、生石灰和水配成的天蓝色胶状悬液，呈碱性，有效成分是碱式硫酸铜。具有杀菌广谱，持效期长，病菌不会产生抗性，低毒等特点。

2)石硫合剂

这是由生石灰、硫黄粉和水熬制而成的一种深红棕色透明液体，具臭鸡蛋味，呈强碱性。有效成分为多硫化钙。与其他药剂的使用间隔期为15~20天。它既能杀菌又能杀虫杀螨，对植物安全,不污染环境,可用于防治多种作物的白粉病及各种果树病害的休眠期防治。

2. 有机杀菌剂

1)代森锰锌

代森锰锌低毒,是杀菌谱较广的保护性杀菌剂,对炭疽病和各种叶斑病等多种病害有效。一般使用方法为 喷雾,拌种。

2)多菌灵

多菌灵低毒,有保护、治疗和内吸作用,可防止多种作物多种病害,不能与铜制剂混用

3)甲基托布津

甲基托布津又叫甲基硫菌灵,是低毒、高效、广谱和内吸型药剂,具有预防和治疗作用,对多种病害如纹枯病、赤霉病、白粉病、花斑病、叶斑病等有效,但对霜霉病和疫病无效。残效期 10 天。

4)三唑酮

三唑酮又叫粉锈宁,低毒,有保护、治疗和内吸性 ,对锈病和白粉病具有预防、铲除、治疗、熏蒸等作用,对鱼类及鸟类比较安全,对蜜蜂和天敌无害,安全间隔期为 20 天,一般用法为喷雾法和拌种法。

5)百菌清

百菌清低毒、广谱、触杀有保护和治疗作用,无内吸性,有一定的熏蒸作用,残效期 7~10 天,可防治炭疽病、锈病、黑斑病、轮纹病白粉病等。

6)好力克

好力克低毒、广谱和内吸,具有良好的保护、治疗和铲除作用,可防治各种叶斑病、叶霉病、白粉病、锈病、炭疽病和煤污病等,持效期为 10 天左右,每隔 10 天左右喷药 1 次,连喷 2~4 次。

7)五氯硝基苯

五氯硝基苯又叫土壤散,低毒,可防治幼苗立枯病、猝倒病,一般每平方米撒 6~8 g。

8)普力克

普力克低毒,具有内吸传导作用,对卵菌类、真菌有效,可以防治多种作物苗期的猝倒病、霜霉病、疫病等病害。

3. 生物制剂

1)井冈霉素

井冈霉素属低毒杀菌剂,是一种放线菌产生的抗生素,具有较强的内吸性,易被菌体细胞吸收并在其内迅速传导,干扰和抑制菌体细胞生长和发育,主要用于纹枯病,也可用于其他病害的防治。

2)农抗 120 水剂

这是一种嘧啶核苷类杀菌抗生素,低毒、广谱、无残留、为内吸性杀菌剂,有预防和治疗作用,而且对植物有刺激生长作用,可防治白粉病、枯萎病等。

3）链霉素

链霉素有内吸作用，杀菌谱广，特别是对细菌性病害效果较好，可防治多种植物细菌和真菌性病害，主要用于喷雾，可作灌根和浸种消毒等，可防治软腐病、黑腐病、细菌性角斑病、疮痂病，细菌性疫病、溃疡病等。

4）多氧霉素

这是一种肽嘧啶核苷酸类结构的杀菌抗生素，具有低毒、无残留、广谱、内吸传导性，干扰真菌细胞避几丁质的生物合成，从而不能发育而死亡，可防治白粉病、叶斑病、灰霉病、叶枯病等。

第三章　园林植物保护措施

第一节　防治措施与防治方法

一、植物检疫

植物检疫是指一个国家或地方政府颁布法令，设立专门机构，禁止或限制危险性病、虫、杂草等人为地传入或传出，或者传入后为限制其继续扩展所采取的一系列措施。其特点有强制性，预防性。

二、栽培防治法

栽培防治法又叫园林技术防治法，具体如下。

(1)选育抗病虫品种。

(2)繁育健壮种苗——选择适宜苗圃地育苗。

(3)合理轮作、科学间作、适地适树。

(4)合理施肥和灌溉。

(5)加强园林管理，包括：改善环境条件，调节温湿度；合理修剪，剪除病虫枝；中耕除草，及时清除枯枝落叶和杂草；冬季深翻土壤；树木涂白，刮树皮。

三、物理机械防治法

(1)捕杀法，即利用人工或机械进行捕杀。

(2)诱杀法，包括灯光诱杀、毒饵诱杀、潜所诱杀、色板诱杀。

(3)阻杀法。

(4)汰选法。

(5)高温杀虫。

四、生物防治法

生物防治法是利用生物及其代谢产物来控制病虫害的一种防治方法。它包括以虫治虫、以菌治虫、以有益动物治虫、以激素治虫、以菌治病等措施。

五、化学防治法

化学防治法是指运用化学农药来防治病虫害、杂草及其他有害生物的一种方法，缺点是污染环境、毒性大、易杀伤天敌，经常使用会使病虫产生抗药性。

第二节　化学农药类型与常用杀虫剂

农药是指用于预防、消灭或者控制危害农业、林业的病虫草和其他有害生物以及有目的地调节植物、昆虫生长的化学合成或者来源于生物、其他天然物质的一种或几种物质的混合物及其制剂。

一、农药的分类依据

按防治对象分类，农药可分为杀虫剂、杀菌剂、杀螨剂、杀线虫剂、杀鼠剂、除草剂；按化学成分分类，农药可分为无机农药、有机农药、植物源农药、矿物性农药、微生物农药。

1. 杀虫剂

按作用方式分类，农药可分为胃毒剂、触杀剂、熏蒸剂、内吸剂，此外还有特异性杀虫剂，如忌避剂、引诱剂、拒食剂、不育剂、粘捕剂、昆虫生长调节剂。

2. 加工剂型

按加工剂型分类，农药可分为粉剂、可湿性粉剂、乳剂或乳油、可溶性粉剂或水溶剂、颗粒剂、油剂或超低容量剂、烟雾剂、熏蒸剂、片剂，此外还包括缓释剂、胶悬剂、毒笔、毒绳、毒纸环、毒签、胶囊剂等。

二、常用杀虫剂

1. 有机磷杀虫剂

（1）敌敌畏，中等毒性，具有强烈的熏蒸作用，兼有触杀和胃毒作用，残效期 1~2 d，对鳞翅目、膜翅目、同翅目、双翅目害虫均有良好的防效，对于梅花、樱花、桃、杏、榆叶梅、月季等易产生药害，不宜使用。稀释浓度不得低于 800 倍液。

（2）辛硫磷，低毒，有触杀和胃毒作用，3%、5% 颗粒剂，25% 微胶囊剂，50%、75% 乳油，可防治地下害虫和多种鳞翅目害虫的幼虫等，遇光易分解，不能与碱性药剂混用。

（3）速扑杀，有触杀、胃毒及熏蒸作用，并能渗入植物组织里，对人、畜高毒，是一种广谱性杀虫剂，尤其对蚧壳虫有特效，在若虫期使用效果最好，残效期 20 d。

（4）毒死蜱（乐斯本），中等毒性，有触杀、胃毒和熏蒸作用，在叶片上的残留期不长，但在土壤中残留期较长，防治地下害虫效果很好。可防治鳞翅目低龄幼虫、飞虱、木虱、叶蝉、蚜虫、红蜘蛛及卫生害虫和地下害虫。

（5）马拉硫磷（马拉松），低毒，无内吸性，广谱，有触杀和一定的熏蒸作用，马拉硫磷毒性低，残效期较短，对刺吸口器和咀嚼口器害虫都有效，可防治黏虫、刺蛾、尺蠖、毒蛾、蝗虫等。

（6）氧化乐果，高毒，有内吸、触杀、胃毒作用，可防治多种作物上的刺吸性害虫和螨类，不能与碱性农药混用，现在是我国禁用的高毒农药之一。

2. 有机氮杀虫剂

（1）吡虫啉，是新一代氯代尼古丁杀虫剂，具有广谱、高效、低毒、低残留特点，害虫不易产生抗性，有内吸及触杀、胃毒作用，对蚜虫、叶蝉、粉虱、蓟马等效果好；对鳞翅目、鞘翅目、双翅目昆虫也有效。由于具有优良内吸性，其特别适于种子处理和做颗粒。

（2）呋喃丹，高毒，有胃毒、触杀、内吸作用，主要有 3% 颗粒剂、35% 种子处理剂，可防止地下害虫及多种作物害虫，如玉米螟、黏虫、大豆蚜、大豆孢囊线虫等，严禁加水、制成悬浮液直接喷雾。

（3）抗蚜威，中等毒性，对蚜虫天敌安全，具有触杀、熏蒸和叶面渗透作用，是选择性强的杀蚜虫剂，能有效防治除棉蚜以外的所有蚜虫，残效期短。

3. 拟除虫菊酯类杀虫剂

（1）溴氰菊酯（敌杀死），中等毒性，有触杀、胃毒、驱避、拒食作用，对多种鳞翅目害虫幼虫、蚜虫杀伤力大,但对螨类无效,施药要均匀周到,不要与碱性农药混用,易产生抗药性。

(2)功夫,中等毒性,有触杀、胃毒、驱避作用,耐雨水冲刷。

(3)绿色威雷,为微胶囊水悬剂,对天牛击倒力强,药效可达 52 d,在天牛触碰时爆破,黏附在天牛足跗节进而杀死,可防治天牛、金龟甲等,还可防治蝗虫等。

(4)除蚜一滴灵,具有胃毒、触杀和内吸作用,药效高,用量少,正打反死,害虫不易产生抗性,杀蚜灭虱药效持久,一般 15~20 d 不用再用药。

(5)氯氰菊酯(名安绿宝,灭百可),中等毒性,具触杀和胃毒作用,广谱,药效迅速,防治对有机磷产生抗性的害虫效果良好,但对螨类和盲蝽类效果差,药剂残效期长,可防治蚜虫、叶甲、叶蝉、飞虱、食心虫、尺蠖类幼虫等。

(6)天王星(虫螨灵、联苯菊酯),中等毒性,有触杀、胃毒作用,可用于防治鳞翅目幼虫、蚜虫、叶蝉、粉虱、潜叶蛾、叶螨等,一般使用浓度为 10% 乳油稀释 3 000~5 000 倍液喷雾。

4. 复配农药

(1)阿维毒死蜱,是阿维菌素与毒死蜱复配的混剂,两者无交互抗性,对害虫有触杀、胃毒和熏蒸作用,低毒,低残留。阿维菌素杀虫速度慢,但持效期长,和毒死蜱混用,增强了它的速效性和持效期,延缓害虫的耐药性,可防治鳞翅目的夜蛾、叶螟、袋蛾,同翅目的木虱、飞虱和潜叶蝇以及各类叶螨。

5. 杀螨剂

(1)哒螨灵乳油(速螨通、灭螨灵、哒螨酮),是一种哒嗪类杀虫、杀螨剂,低毒、广谱,有较强的触杀性,作用快,无内吸杀螨作用,对螨类各生育期杀灭效果好。残效期长达 45 天左右,可防治棉叶螨、山楂叶螨、松针叶螨、二斑叶螨、杨始叶螨等,对毛白杨皱叶瘿螨、葡萄瘿螨、柳刺皮瘿螨、柑橘锈壁虱、茶瘿螨、叶蝉、蓟马、桃瘤蚜、桃粉蚜等也有效。

(2)阿维菌素(齐螨素、螨虫素、虫螨克),有触杀、胃毒和渗透作用,残效期 15 天左右,对于鳞翅目、鞘翅目、同翅目害虫,斑潜蝇及螨类有高效。本品与有机磷、拟除虫菊酯类和氨基甲酸酯类药剂无交互抗性,是良好的杀螨剂。

6. 昆虫生长调节剂

(1)灭幼脲(灭幼脲三号),为广谱特异性杀虫剂,属几丁质合成抑制剂,对人、畜低毒,对天敌安全,有胃毒和触杀作用,迟效,一般药后 3~4 d 药效明显,对鳞翅目幼虫有良好的防治效果,一般使用浓度为 50% 胶悬剂加水稀释 1 000~2 500 倍液,每公顷施药量 120~150 g 有效成分。在幼虫 3 龄前用药效果最好,残效期 15~20 d。

7. 生物源农药

(1)鱼藤酮,中等毒性,有触杀和胃毒作用,残效期 5~6 d,可防治鳞翅目幼虫、同翅目昆虫及蓟马。

(2)烟碱,低毒,低残留,高效,有强烈的触杀作用,也有一定的胃毒、熏蒸作用,残效期 7 天,可防治同翅目、鳞翅目害虫等,对螨类效果差。

(3)苦参碱,是以苦参中草药为主要原料研制而成的植物性杀虫剂,低毒、广谱,对害虫有触杀、胃毒作用,无内吸作用。害虫接触药剂后导致神经中枢麻痹,因蛋白质凝固堵塞气孔窒息而死。可防治柿星尺蠖、黏虫、银纹夜蛾和菜青虫等,也可做土壤处理,防治小地老虎、蛴螬和金针虫等地下害虫。

(4)苏云金杆菌(BT 乳剂),是一种细菌性微生物农药,低毒、广谱性胃毒剂,致昆虫因饥饿和败血症而死亡。该药残效期为 10 d 左右,可防治 180 多种鳞翅目食叶害虫,是目前世界上应用量最多的微生物农药。目前市场上商品名称很多,如灭蛾灵悬浮剂、苏力保悬浮剂、敌保、杀螟杆菌和杀虫菌 1 号等,这些药剂只是由苏云金杆菌不同变种制成的,均属于细菌性微生物药剂系列。

(5)白僵菌制剂,属真菌性微生物药剂,对人畜无毒,对 200 多种害虫有寄生性。受侵染的害虫在 5 天左右死亡,死亡的虫体变得僵硬,全身长满了白色粉状物。病原菌借风雨传播,继续传染其他虫体,对油松毛虫、槐尺蠖、黄褐天幕毛虫、茶毒蛾、杨毒蛾、马铃薯甲虫、小线角木蠹蛾,榆木蛾光肩星天牛和透翅蛾等都有效果。

8. 灭螺剂

四聚乙醛(密达、灭蜗灵)是一种胃毒剂,对蜗牛和蛞蝓有引诱作用,可以导致其神经麻痹,进而死亡。植物不吸收该药,一般每亩地施用 500 g。

9. 无公害农药

无公害农药是指用药量少,防治效果好,对人畜及各种有益生物毒性小或无毒,在外界环境中易于分解,不造成环境及农产品污染的高效、低毒、低残留农药。

第三节　安全合理使用农药

一、农药的使用方法

1. 喷雾法

喷雾法即用喷雾机械将药液喷洒到目标物上的方法。它具有药效高、飘移性小和黏着性强等优点。

2. 喷粉法

喷粉法即用喷粉机具将粉剂农药吹到目标物上的施药方法。它具有工效高、不需要水、使用方便等优点,但由于发生飘移、有效利用率低,用药量大,附着力差,会对空气、土壤和水域等环境造成较高的污染。

3. 土壤处理

将药剂施于地表面再耕翻入土,或用土壤注射器将药液注入植物根部土壤,主要用于土壤消毒及防治土传病害。

4. 拌种

将一定量的药粉或药液与种子搅拌均匀的方法称为拌种。它主要用于防治地下害虫和种子传播的病虫害。

5. 毒谷、毒饵

用胃毒剂与麦麸、鲜草、瘪谷等害虫或老鼠喜吃的食物混拌制成毒饵,撒于地面或害鼠通道，防治地面活动的害虫、害鼠。

6. 熏蒸法

熏蒸法即利用有毒气体杀死害虫或病菌的方法，此法多在密闭的仓库、温室等场所使用，少数也用于大田作物，如用敌敌畏毒杀棒熏杀大豆食心虫。

7. 涂抹法

将内吸剂直接涂抹到植物上，一般有点心、涂花、涂茎、涂干等方法。涂抹法使用方便，工效高，不受水源限制。

农药的使用方法很多，其他还包括放烟法、毒绳法、毒笔法、毒带法、毒签法、杀虫药膏法、高压注射法、点滴法等，在使用农药时可根据药剂的性能及病虫害的特点灵活运用。

二、合理使用农药

1. 对症下药

根据防治对象选择相应的农药。一般杀虫剂不能治病，而杀菌剂不能防虫。敌百虫对菜青虫、跳甲效果很好，而对蚜虫的效果很差。

2. 及时用药

适时用药是做好病虫防治的关键。病、虫、草有其发生规律。农药施用应选择在病、虫、草最敏感的时期及最薄弱的环节进行，才能取得最好的防治效果。

3. 严格掌握有效药量和施药次数

应按农药说明书的用量使用，不能任意加大用量或减少用量。

4. 交互用药

经常轮换使用不同的农药，可避免害虫产生抗性。

5. 合理混合用药

将2种或2种以上的对病虫害具有不同作用机制的农药混合使用，以达到同时兼治几种病虫，提高防治效果，扩大防治范围，节省劳动力的目的。

三、农药的稀释

1. 农药稀释的计算

农药浓度的表示方法主要有倍数法、百分浓度（%）、百万分浓度（ppm），园林上常用倍数法。倍数法公式：

稀释剂用量 = 原药剂质量 × 稀释倍数

2. 农药的稀释方法

（1）可湿性粉剂的稀释，一般采取两步配制法，即先用少量水配制成较浓稠的母液，进行充分搅拌，然后再倒入剩余的水进行最后稀释。

（2）液体农药的稀释，如果用液量少，可直接进行稀释，如果用液量多，就需要采用两步配制法。

（3）颗粒剂农药的稀释，颗粒剂可借助于填充料稀释后再使用，一般采用干燥均匀的小土粒或同性化肥作为填充料，使用时只要将颗粒剂与填充料充分拌匀即可。

3. 一天中如何安排喷药时间

（1）应选择晴天的早晚或阴天喷药（早一般在日出前或日出左右，晚一般在日落后）。

（2）不能在晴天中午喷药，易对人产生药害。

（3）喷药后如果下雨，应及时补喷。

第四章　园林植物病虫害的防治

第一节　西安地区常见害虫的防治

一、刺吸汁液害虫的防治

（一）蚜总科

1. 槐蚜

槐蚜为害刺槐、国槐和紫穗槐。槐蚜为黑色或黑褐色，体长 2 mm，北方一年发生 20 多代，多以胎生雌蚜在地丁、野苜蓿等杂草根际等处越冬，翌年 3、4 月在寄主上繁殖，4 月中、下旬产生有翅雌蚜，5 月初迁飞至槐树上繁殖和为害，5 月为严重为害期。槐蚜喜为害嫩梢、嫩叶和嫩芽，受害枝梢枯萎、卷缩和弯垂。

2. 栾多态毛蚜

栾多态毛蚜主要为害栾、黄山栾、日本七叶树等。以卵在幼树芽苞附近、树皮伤疤、裂缝处越冬。早春芽苞开裂时干母雌虫为害幼树枝条及叶背面，造成卷叶，是全年的主要为害期。4 月下旬至 6 月中旬有翅蚜大量发生，5 月中旬大量发生滞育型若蚜，分散在叶背的叶缘为害。9—10 月滞育型若蚜开始发育，10 月雌雄交尾后产卵。

3. 松大蚜

松大蚜主要为害松树。成虫体型大，赤黑至黑褐色，在西安地区，松大蚜 1 年发生 10 代左右，以卵在松针上越冬。4 月上旬卵孵化，5 月中旬出现无翅雌成虫，6 月上旬出现有翅胎生雌蚜（迁移蚜），11 月上旬产卵，以卵越冬。越冬卵常常 8 粒为一组，整齐地排在松针上。西安地区于 5—6 月和 9—10 月发生为害严重，尤其在秋季时节，油松、华山松、白皮松受害最为严重。此时蚜虫密集，顺枝干流蜜水，并易引起煤污病，严重影响树木生长与观赏价值。

防治方法如下。

（1）冬季或早春在寄主植物发芽前剪除有卵枝。

（2）冬季向叶面喷洒 5 波美度石硫合剂。

（3）利用黄色粘胶板诱粘有翅蚜虫。

（4）充分发挥瓢虫、大草蛉、食蚜蝇、蚜茧蜂、蚜小蜂、小花椿等天敌的控制作用。

（5）虫量不多时以清水冲洗芽、嫩叶和叶背。

（6）初发期向幼树根部埋施 3% 呋喃丹颗粒剂。

（7）春季越冬卵孵化后尚未进入繁殖阶段和秋季蚜虫产卵前分别喷施 1 次 10% 吡虫啉 2 000~3 000 倍液防治。在为害期可选喷 70% 艾美乐水分散颗粒剂 20 000~30 000 倍液、15% 哒螨灵乳油 1 000~2 000 倍液、除蚜一滴灵 1 000~2 000 倍液。

（二）蚧总科

1. 草履蚧

草履蚧主要为害法桐、大叶黄杨、月季、广玉兰、刺槐、白蜡、女贞、杨树、红叶李等。草履蚧一年发生一代，以卵和若虫在寄主树干周围的土缝和砖石块下或 10~12 cm 土层中越冬。卵 1 月底开始孵化，若虫暂栖居卵囊内，寄主萌动若虫开始出土上树，先集中于根部和地下茎群集吸食汁液，随即陆续上树，初时多于嫩枝、幼芽上为害，雄若虫蜕 2 次皮后老熟，于土缝和树皮缝等隐蔽处分泌棉絮状蜡质茧化蛹，蛹期 10 天左右，雌虫蜕 3 次皮羽化为成虫。5 月中旬至 6 月上旬为羽化期，雌虫继续为害，至 6 月陆续下树入土分泌卵囊，产卵于其中，以卵越夏越冬。雌虫多在中午前后高温时下树，阴雨天、气温低时多潜伏皮缝中不动。

防治方法如下。

（1）物理防治。早春树液刚开始流动时，在树干基部上方涂粘虫环，以粘虫胶为好，环宽 20 cm，闭合，粘杀上树若虫；于 5 月下旬雌成虫下树产卵时，在树干基部挖坑，内放置杂草等诱集其在上面产卵，而后集中处理。

（2）药剂防治。药剂防治以若虫分散转移期（3 月中、下旬）施药最佳，因为此时虫体无蜡粉和介壳，抗药力最弱。可用 40% 速扑杀乳油 700~1000 倍液、20% 蚧霸乳油 2 000~3 000 倍液和 25% 西维因可湿性粉剂 400~500 倍液或 50% 杀螟松乳油 800~1 000 倍液喷雾（一周一次，连续三次）效果均较好。

2. 紫薇绒蚧

紫薇绒蚧又名石榴囊毡蚧，主要为害紫薇、石榴、女贞等。雌成虫体长约 3 mm，椭圆或长卵圆形，暗紫或紫红色；体被白色蜡粉，毛毡状。在西安，紫薇绒蚧一年发生 2 代，以幼龄若虫在枝干缝隙及空蜡囊内越冬。翌年 4 月，越冬若虫开始活动，而后雌雄分化，体背陆续分泌蜡质。雌成虫和若虫寄生在芽腋、叶片和枝干上刺吸为害，诱发煤污病，提早落叶，枝条枯死，严重时整株死亡；5 月下旬，雌成虫开始产卵，6 月上旬为产卵盛期，6 月中旬、8 月中旬至 9 月初分别为各代若虫孵化盛期。

防治方法如下。

（1）加强检疫，不栽有虫植株。

（2）盆栽花卉害虫发生轻时，可用牙签剔除虫体。

（3）及时剪除被害严重的虫枝。

（4）保护红点唇瓢虫、二星瓢虫、红环瓢虫、异色瓢虫及草蛉等天敌。

（5）发生严重时，喷施 40% 杀扑磷乳油 1 500~2 000 倍液或 10% 吡虫啉可湿性粉剂 2 000 倍液。

（三）粉虱科

1. 黑刺粉虱

黑刺粉虱主要为害山楂、月季、柑橘等，成虫雌体长约 1.2 mm。在北方地区，黑刺粉虱一年发生 2 代，以老熟幼虫在叶背越冬，翌年 4 月在落叶化蛹，5 月上旬成虫开始羽化，5 月下旬第一代幼虫开始发生。7 月中旬是第二代幼虫发生盛期。幼虫多在叶背固定刺吸为害，并分泌大量黏液，诱致煤污病的发生。

防治方法如下。

（1）幼虫期喷洒 25% 扑虱灵可湿性粉剂 1 000 倍液或 10% 吡虫啉可湿性粉剂 2 000

倍液。

（2）保护粉虱寡节小蜂、刺粉虱黑蜂、草蛉等天敌。

（四）木虱科

1. 槐木虱

槐木虱主要为害国槐。槐木虱成虫体长 3 mm，浅绿，略带黄色；以成虫在树洞、树缝处越冬，3 月末 4 月初开始活动，多产卵于嫩梢、嫩芽的毛丛中，4 月中旬开始孵化，若虫刺吸植物幼嫩部分，并在叶片上分泌大量黏液，诱发煤污病，5 月出现大量成虫，6、7 月干旱季节发生严重，雨季虫量减少，9 月虫量又会回升。

防治方法如下。

（1）初发期向幼树根部埋施 3% 呋喃丹颗粒剂。

（2）若虫期用清水冲洗枝梢或喷洒苦参素、烟百素 800 倍液。

（3）保护和利用瓢虫等天敌。

（五）网蝽科

1. 梨冠网蝽

梨冠网蝽主要为害梨、樱花、木瓜、西府海棠、垂丝海棠、贴梗海棠、梨、栀子、碧桃、山茶、杜鹃、蜡梅等，受害后常引起落叶，严重的影响开花结果。成虫体长 3.5 mm，北方一年发生 4 代，以成虫在落叶间、枯老裂皮缝及根际土块中越冬。5 月中旬各虫态同时出现，群集于较嫩的叶背吸食汁液，叶面呈现苍白小斑，严重时呈黄褐色锈斑。7、8 月为害最严重，冬季在温室或室内可继续为害。

防治方法如下。

（1）建造树种多样化的绿地。

（2）秋季绑草把诱集并消灭下树越冬成虫，清除枯枝落叶。

（3）发生初期（5 月上旬）喷洒 10% 吡虫啉可湿性粉剂 2 000 倍液或 20% 除尽悬浮剂 1 000 倍液等无毒、低毒内吸药剂防治若虫。

（4）保护利用天敌。

二、食叶害虫的防治

1. 黄杨绢野螟

黄杨绢野螟为害大叶黄杨、小叶黄杨等，主要为害植物的顶梢及叶片，造成枝叶干枯光秃，大大降低绿化及观赏效果。成虫体长 14~19 mm，一年发生 3 代，以第 3 代低龄幼虫在叶苞内做茧越冬，次年 3 月下旬开始为害，4 月下旬始见成虫。成虫有趋光性。初孵幼虫在叶背取食，2 龄到 3 龄幼虫吐丝将叶片嫩枝缀连成巢，在内部食害叶片。

防治方法如下。

（1）冬季清除枯枝落叶，将越冬虫茧集中销毁。

（2）利用成虫的趋光性，利用黑光灯诱杀成虫。

（3）生物防治：保护和利用天敌，如凹眼姬蜂、跳小蜂、寄生蜂等；还可用阿维菌素、BT 乳剂、白僵菌、灭幼脲 3 号 1 000~1 500 倍液等生物制剂防治。

（4）药剂防治：防治关键期为越冬幼虫出蛰期和第一代幼虫低龄阶段，可用 2.5% 敌杀死乳油 2 000 倍液喷雾或 20% 灭扫利乳油 2 000 倍液喷雾。

2. 槐尺蠖

槐尺蠖又名国槐尺蠖、吊死鬼，以幼虫取食国槐、龙爪槐叶片，严重时叶片被啃食一光，并排泄粪便污染环境，幼虫受惊吐丝下垂，漂浮于空中，严重影响市容。成虫体长 12~17 mm，在西安地区一年发生 4 代，以蛹在树下土壤中以及建筑物缝隙等处越冬，次年 4 月中下旬化为成虫，5 月上旬成虫产卵于国槐、龙爪槐的叶片上，5 月中旬后卵孵化为幼虫，第二代幼虫 6 月上中旬至 7 月上旬出现，第三代幼虫出现在 8 月，第四代幼虫出现在 8 月中旬至 9 月下旬，10 月后幼虫陆续化蛹越冬。

防治方法如下。

（1）消灭越冬蛹，在蛹越冬期或其他各代蛹期，挖蛹加以处理。

（2）利用黑光灯诱杀成虫。

（3）幼虫期喷药防治，可选用 20% 灭幼脲 1 号 5 000~8 000 倍液，或 BT 乳剂用 100 亿孢子 / 克粉剂 400~600 倍液进行防治，也可用 2.5% 溴氰菊酯 2 000 倍液。

3. 黄刺蛾

黄刺蛾俗称洋辣子，为害梅、海棠、月季、石榴、桂花、樱花、杨、柳、榆、红叶李、悬铃木等 200 种植物。成虫体长 10~13 mm，在陕西一年发生 2 代，以老熟幼虫在枝干或皮缝结茧越冬，6 月陆续化蛹，6 月中旬至 7 月中旬发生越冬代成虫，第一代幼虫为害期在 6 月下旬至 8 月，第二代幼虫为害期在 8—9 月。初孵幼虫食叶肉成网状，老熟幼虫食叶成缺刻，仅留叶脉。

防治方法如下。

（1）冬季人工摘除越冬虫茧。

（2）利用灯光诱杀成虫。

（3）幼虫发生初期喷洒 20% 除虫脲悬浮剂 7 000 倍液、BT 乳剂 500 倍液或 2.5% 敌杀死乳油 2 000 倍液。

（4）保护天敌：紫姬蜂、广肩小蜂。

4. 大袋蛾

大袋蛾又名大蓑蛾、蓑衣蛾，主要以幼虫取食法桐、泡桐、榆、垂柳、苹果、梨、桃、刺槐、核桃、月季、红叶李、雪松等。成虫雌雄异形，雌虫蛆形，体乳白色，雄虫体黑褐色，体长 15~20 mm，一年一代，以老熟幼虫挂在树枝上的护囊中过冬，5 月上中旬在内化蛹，5 月下旬成虫羽化、交尾、产卵，6 月中下旬幼虫孵出，幼虫终生背负着用丝缀连寄主植物残屑做成的护囊，蚕食叶片呈大小不等的孔洞或缺刻，有时还为害嫩枝、果实，7—8 月为害最盛，11 月后老熟幼虫在护囊内过冬。

防治方法如下。

（1）结合冬春季修剪摘除越冬虫囊。

（2）利用灯光诱杀成虫。

（3）发生严重时可喷洒青虫菌 6 号悬浮液 1 000 倍液、1.2% 烟参碱乳油 800~1 000 倍液或 20% 吡虫啉可湿性粉剂 1 000~1 500 倍液加以防治。

5. 蔷薇叶蜂

蔷薇叶蜂又名月季叶蜂或蔷薇三节叶蜂，为害月季、蔷薇、玫瑰、十姊妹和黄刺玫等。叶片边缘出现缺刻，叶片上有幼虫。严重时全部叶片被吃光，只剩下叶柄和叶脉。成虫产卵于枝梢，致使枝梢枯死。蔷薇叶蜂体长 7.5 mm 左右，一年发生数代，第一代幼虫在 6 月为害，第二代初虫在 8 月为害。9 月底，蔷薇叶蜂幼虫低龄时有群集为害习性。

防治方法如下。

（1）挖越冬茧：幼虫入土后，成虫羽化前，在月季附近土中 5 cm 深处挖茧，减少越冬基数。

（2）人工摘叶杀虫：于幼虫群集危害期人工摘除有虫叶片，并将幼虫杀死。

（3）药剂防治：虫量大时，施用 50% 辛硫磷乳油 1 000~1 500 倍液，或 20% 溴氰菊酯乳油 2 000~2 500 倍液，或 10% 氯氰菊酯乳油 2 000~2 500 倍液，或 2.5% 功夫乳油 2 000~2 500 倍液，或 20% 菊杀乳油 1 000~1 500 倍液等。

三、蛀干害虫的防治

1. 光肩星天牛

其幼虫又称凿木虫，主要为害杨树、柳树；被害树易枯死或风折，并且被害处易感染病害。成虫体长为 20~30 mm，1 年 1 代，以幼虫在树内蛀道内越冬，翌年 5 月下旬化蛹，6~7 月为成虫羽化期，成虫羽化后取食嫩枝条的皮以补充营养，飞翔能力弱，敏感性不强，容易捕捉。

防治方法如下。

（1）加强检疫：不栽有虫的植株。

（2）保护利用天敌：花绒寄甲、肿腿蜂、天牛双革螨、啄木鸟等。

（3）园林技术措施：选用抗虫良种，加强水肥，受害严重的要及时烧毁。

（4）人工防治：6—7 月人工捕杀成虫，幼虫初孵时及时钩杀、树木涂白、刮除卵块。

（5）化学防治：磷化锌毒签毒杀，向排粪孔注射敌敌畏或白僵菌等药剂，使用树虫一针净注射，成虫羽化期喷施绿色威雷、敌杀死等。

2. 国槐小卷蛾

国槐小卷蛾又称国槐叶柄小蛾，为害国槐、龙爪槐，以幼虫蛀食羽状复叶的基部，严重时树冠枝梢光秃。

防治方法如下。

（1）生物防治，保护和利用肿腿蜂等天敌。

（2）利用性诱剂诱杀雄成虫。

（3）用 70% 艾美乐水分散粒剂 8 000~15 000 倍液、20% 菊杀乳油 1 000 倍液从上部枝条到茎基均匀喷雾，并注意交替用药。

四、地下害虫的防治

1. 金龟子

蛴螬是金龟甲总科幼虫的总称，蛴螬体型肥胖，呈“C”形，食性很杂，为害植物幼苗、种子及幼根、嫩茎。蛴螬主要在地下为害，咬断幼苗根茎，切口整齐，造成幼苗枯死，或蛀食块根、块茎，造成孔洞，使植物生长衰弱，引起草坪、地被枯死，被蛴螬造成的伤口有利于病菌的侵入，诱发其他病害。成虫金龟子主要取食植物地上部的叶片、花和果实。一般 1 年 1 代，或 2~3 年 1 代，西安比较常见的有暗黑鳃金龟甲、苹毛丽金龟甲、黄褐丽金龟甲、铜绿丽金龟甲、白星花金龟甲、黑绒鳃金龟甲、东北大黑金龟甲、华北大黑金龟甲。

防治方法如下。

（1）做好预测预报工作。调查和掌握成虫发生盛期，采取措施，及时防治。

（2）不施未腐熟的有机肥料；精耕细作，清除田间杂草；冬季深翻人工捡拾或冻死蛴螬。

（3）用 3% 呋喃丹颗粒剂、5% 辛硫磷颗粒剂，每亩 2.5~3 kg 处理土壤，也可用白僵菌处理土壤。

（4）用 50% 辛硫磷或 20% 异柳磷药剂与水和种子按 1：30：400~500 的比例拌种；还可兼治其他地下害虫。

（5）蛴螬初发时，48% 毒死蜱乳油 200 倍、40% 辛硫磷乳油 500 倍、40% 治螟磷乳油 500 倍、90% 敌百虫 800 倍进行灌根。

（6）成虫期利用假死性震落捕杀或利用趋光性灯光诱杀。

（7）生物防治：苏云金杆菌、白僵菌、绿僵菌等对蛴螬有很好的控制作用，另外鸟类、土蜂都是蛴螬的重要天敌。

五、非昆虫有害动物的防治

1. 叶螨

叶螨又名红蜘蛛，主要刺吸为害嫩梢、叶片及花等；叶片被害后出现褪绿黄点，造成提早落叶。一年发生 10 代左右，气候适宜时有的多达 15~20 代，繁殖十分迅速，多以受精雌成螨在土缝、皮缝越冬，翌年春季开始为害与繁殖，主要进行两性生殖，也可以孤雌生殖。6~8 月高温干旱少雨时，叶螨繁殖迅速，为害猖獗，易成灾。西安市的主要种类有：二斑叶螨、朱砂叶螨、截形叶螨、山楂叶螨和酢浆草如叶螨。

防治方法如下。

（1）人工防治：合理修剪，发现叶片有灰黄斑点时，应仔细检查叶背和叶面，若个别叶片有螨时，应及时摘除。

（2）加强养护管理，加强施肥、灌水以减轻为害。

（3）天敌防治：天敌有 30 多种，可发挥天敌的保护、防治作用。

（4）药剂防治：发生叶螨时，应及早喷药，防治早期为害是控制后期猖獗的关键，可用爱福丁乳油 3 000 倍液、20% 复方浏阳霉素乳油 1 000~1 500 倍液、25% 螨危悬浮剂 4 000~6 000 倍液或 1.8% 农克螨乳油 2 000 倍液交替喷雾使用，如一次喷药控制不住，应在 10 天后继续喷药。

2. 蜗牛

蜗牛，常见的有灰巴蜗牛和同型巴蜗牛，陆生软体动物，3 月上中旬开始活动，白天潜伏在潮湿的土缝中或茎叶下，傍晚或清晨取食，遇有阴雨天多整天栖息在植株上，为害鸢尾、菊花、月季、兰花、芍药、美人蕉、一串红、鸡冠花等，造成叶面缺刻，严重时咬断幼苗。

防治方法如下。

（1）清晨或阴雨天人工捕捉，集中杀灭。

（2）可用 50% 辛硫磷乳油 1 000 倍液喷雾。

（3）每 667 m^2 用 8% 灭蜗灵颗粒剂 1.5~2 kg，碾碎后拌细土或饼屑 5~7 kg，于天气温暖、土表干燥的傍晚撒在受害株附近根部的行间，2~3 天后接触药剂的蜗牛分泌大量黏液而死亡，防治适期为蜗牛产卵前，田间有小蜗牛时再防 1 次效果更好。

3. 鼠妇

鼠妇又称潮虫、西瓜虫，长 5~15 mm，呈灰褐色、灰蓝色；受到惊吓后会卷曲，口器是咀嚼式口器，昼伏夜出，具假死性。鼠妇常危害仙客来、扶桑、紫罗兰、铁线蕨、含笑、苏铁、茶花及一些多肉质花卉植物，主要伤害花卉的根和茎部，也取食植物叶片，造成花卉茎部或叶片缺刻与溃烂，1 年发生 1 代。喜欢在潮湿条件下生活，不耐干旱。

防治方法如下。

（1）保持温室内清洁，清除多余的砖块、杂草及各种废杂物品，使之不利于鼠妇的生存。

（2）严重发生时喷洒 10% 氯氰菊酯乳油 2 000 倍液。

第二节　西安地区常见病害的防治

一、植物叶花果病害的防治

1. 观赏植物白粉病

白粉病是园林植物普遍发生的一种病害，以植物生长中后期发生最严重，可侵害叶片、嫩枝、花蕾、花、花柄及新梢等，在叶上最初产生褪绿斑，继而长出白色菌丝层，并产生白粉状分生孢子。生长季节可进行再侵染，可抑制寄主植物生长，叶片不平整以至卷曲，萎蔫苍白，幼嫩枝梢发育畸形，病芽展不开或形成畸形花，后期往往在白粉上产生褐色或黑色小点粒。

西安市常见的白粉病有：大叶黄杨白粉病 、黄栌白粉病、桃白粉病、芍药白粉病、凤仙花白粉病、紫薇白粉病 、月季白粉病 、草坪白粉病、狭叶十大功劳白粉病。

防治方法如下。

（1）清除病源：及时清扫落叶并加以销毁（深埋）。

（2）合理修剪：及时剪除或摘除有病枝叶、新梢。

（3）栽植不要过密，增强避风透光度。

（4）合理施肥灌水，使植物健壮生长，以提高抗白粉病能力。

（5）冬季喷洒一次 3 波美度石硫合剂。

（6）药剂防治：发病初用 2% 农抗 120 稀释 100~200 倍喷雾，15 天左右喷一次，连喷 3 次，可控制病害发生；也可喷洒 20% 粉锈宁乳油 1 000~1 500 倍液或 70% 甲基托布津可湿性粉剂 1 500 倍液，10 天喷一次，连喷几次。

2. 樱花穿孔病

樱花穿孔病为害樱花、梅花、碧桃、榆叶梅、红瑞木等，在叶斑上形成褐斑并穿孔。病害严重时叶片易脱落。

防治方法如下。

（1）选优良的抗病品种。

（2）加强养护管理，注意施入有机肥，增加树势，提高抗病能力。

（3）樱花发芽前喷施石硫合剂 100 倍液或 50% 加瑞农 1 000 倍液保护。

（4）发病初期喷施 70% 甲基托布津 1 000 倍液或 70% 代森锰锌 500~600 倍液防治。

3. 月季黑斑病

月季黑斑病侵染月季、玫瑰、黄刺梅、十姊妹、蔷薇等，主要侵染月季叶片，同时也可侵染叶柄及嫩梢，严重时病斑与病斑相连，能引起大量落叶，造成花小而少，花期缩短。

防治方法如下。

（1）冬季集中清理枯枝烂叶将其烧毁，以减少病原，要注意加强栽培管理，注意施肥，选用抗病的优良品种。

（2）初期喷洒 75% 百菌清可湿性粉剂 500 倍液、50% 多菌灵可湿性粉剂 500 倍液、80% 代森锰锌可湿性粉剂 500 倍液、70% 甲基托布津 1 000 倍液，7~10 天喷一次，冬季修剪后可喷 3~5 度波美度石硫合剂。

4. 梨桧锈病

梨桧锈病为害梨、苹果、海棠类植物以及榅桲属、木瓜属及山楂属等植物和桧柏的叶、果、嫩枝上。初期在叶表面发生 1 mm 大小的黄绿色小斑点，后期病斑表面产生鲜黄色小颗粒，随后在叶面形成黄白色隆起；桧柏受害后嫩枝及叶片上形成球形或半球形的瘿瘤，深褐色，吸水膨大后成胶质花朵状，杏黄色，似柏树开花。

防治方法如下。

（1）苹果、海棠等与桧柏的栽植间距要在 5 km 以上。

（2）初春喷施 1~3 波美度的石硫合剂与五氯酚钠 350 倍液的混合液 1~2 次。

（3）于 4—5 月喷施一次 15% 粉锈宁可湿性粉剂 1 500~2 000 倍液。

（4）于 7—10 月向桧柏枝上喷 100 倍等量式波尔多液。

5. 石楠褐斑病

叶上病斑散生，圆形至不规则形，直径 2~20 mm，深红褐色至紫褐色，有时中央灰色，且有深红色的边缘，主要在正面产生黑色细小霉点，后期病斑常相互汇合成片，引起叶片枯黄脱落。

防治方法如下。

（1）在购苗时勿购买带病苗木。

（2）摘除病叶，秋季清扫病残落叶烧毁。

（3）发病初期可喷洒 70% 代森锰锌可湿性粉剂 600~800 倍液，7~10 天喷一次，连喷

3~4 次，或 40% 灭菌丹、50% 克菌丹可湿性粉剂 400 倍液，每 7 天喷 1 次，连喷 3 次。

6. 桂花褐斑病

桂花褐斑病可引起叶片枯黄和落叶。发生在桂花叶片上，开始由小褐斑发展为近圆形病斑，或受叶脉限制呈不规则形，病斑可相互汇合为大的病斑，无明显的边缘，后期在病斑上产生无数小灰黑色霉点。

防治方法如下。

（1）及时清除和销毁病残体。

（2）喷药保护，发病初喷洒 70% 安泰生可湿性粉剂 600~800 倍液，或 75% 百菌清可湿性粉剂 600~1 200 倍液喷雾，每隔 7~10 天 1 次，连喷 3 次。

7. 金叶女贞叶斑病

金叶女贞叶斑病多发生于叶上，枝条上也有发生，直径约 2~4 mm，周围具一圈紫黑色晕圈，病斑内淡褐色。发病初病斑为淡褐色，逐渐在中央形成轮廓明显的病斑，颜色渐变淡褐色或灰白色，后期产生黑色小颗粒。高温多雨时、栽植密度过大时发病重。

防治方法如下。

（1）栽植不要过密，通风透光，多施磷钾肥，以增强抗病能力。

（2）去除和清扫病叶，减少病源。

（3）发病初期喷洒 43% 好力克悬浮剂 3 000~4 000 倍液、70% 代森锰锌 800~1 000 倍液或 50% 多菌灵可湿性粉剂 800~1 000 倍液，7~10 天喷 1 次，共喷 3 次。

8. 煤污病

煤污病主要是在叶面上布满黑色霉层，使植物失去了应有的色泽，同时影响叶子的光合作用，导致一些花木提早落叶，有时也为害花瓣、萼片和枝条。

防治方法如下。

（1）加强养护管理，栽植不要过密，要通风透光。加强修剪，增强树势。

（2）发生初期可喷洒波尔多液或 70% 代森锰锌可湿性粉剂 600~800 倍液，加以保护。

（3）及时加强对蚜虫、蚧虫、粉虱、木虱等害虫的防治，蚧虫可在卵孵期喷洒 40% 速扑杀乳油 1 000~2 000 倍液，对蚜虫或其他刺吸性害虫可喷洒 70% 艾美乐水分散粒剂 8 000 倍液。

二、植物茎干部病害的防治

1. 树木流胶病

树木流胶病为非侵染性的生理病害，多由霜冻造成流胶，或受天牛、吉丁虫等为害造成伤口或形成腐烂以及机械损伤，修剪过度等易产生流胶。树体伤口是导致流胶的主要原因。老树、幼树、生长衰弱的树易发生流胶。

防治方法如下。

（1）种植在土壤疏松、排水良好的环境中。

（2）加强养护管理，增加有机肥，及时灌水促使植物健壮生长，要注意防冻、防日灼、防治病虫害，减少病虫害对树干的损伤，减少伤口。

（3）药剂防治：在流胶伤口处刮除胶质及腐烂部分，用 5 波美度的石硫合剂涂抹伤口，再以接蜡加以保护。接蜡配制：用脱脂松香 3 份，黄蜡 2 份，柏油（或牛油、羊油）1 份，先将黄蜡、柏油等融化混匀即成。

（4）胶质刮除后用 70% 甲基托布津可湿性粉剂 500 倍液在病部涂抹 1~2 次。

（5）秋冬季用白涂剂保护树干，11 月份涂白时先将树干粗皮刮除，在树干 130 cm 以下部位均匀地刷一层防治冻害，消灭越冬虫及病菌，夏初涂白可防止日灼。

2. 破腹病

破腹病也叫破肚子病，是城市行道树、公园、绿地和片林常见病害，主要发生在树木主干上，多发生在中、下部的西南或南面。发病初期平滑的树皮隆起一条纵带，不久纵带开裂小缝，越裂越宽，开裂深处可达到木质部。老裂缝以后能生出愈合组织，渐渐鼓起相应合缝。常造成树木生长势衰弱，不仅影响正常生长和树木成材，更影响树木的观赏和市容美观。

防治方法如下。

（1）防寒措施，冬季树干要涂白，尤其新栽树木要采取防风防寒措施。

（2）药剂防治，患病树木要涂石硫合剂 50 倍液消毒和保护裂缝伤口，防止其他病原菌侵染。

3. 杨树水泡型溃疡病

杨树水泡型溃疡病主要为害杨树 100 多个树种，还可侵染柳树、栾树、刺槐、核桃、苹果、海棠等。该病多发生于幼树主干或大树主干与主枝及枝条上，春季或秋季感病植株的树皮产生圆形或椭圆形病斑，最初产生约 1 mm 左右的水渍状斑，皮层表面可形成 1 cm 大小水泡状近圆形突起，泡内充满树液，手压松软，破后流出有腥味的树液，水泡失水干缩后形成一个圆形稍下陷的灰褐色斑，严重时可使整株或整个枝条枯死。

防治方法如下。

（1）加强检疫不栽带溃疡病菌的苗木。

（2）加强养护管理，避免枝干机械损伤、虫伤，减少侵染。栽植后要及时灌水。

（3）树木发芽前树干涂白防冻伤和日灼。

（4）对发病严重苗木及时截干处理，剪除病枝，对死亡树木及枝干及时清除。

（5）刮病斑，涂刷 45% 施纳宁水剂 100~150 倍液或 3 波美度石硫合剂。

（6）喷药防治：在 4 月上中旬、8 月上中旬，在主干及主枝上喷洒 45% 施纳宁水剂 200 倍液或 50% 退菌特 100 倍液、50% 多菌灵 200 倍液，树木发芽前，可喷洒 45% 施纳宁 200 倍液或 3~5 波美度石硫合剂封干。

三、草坪病害的防治

1. 草坪锈病

草坪锈病主要发生在草坪叶片及叶鞘上，初发时叶片或叶鞘上产生浅黄色斑点，随着病情发展，茎、叶表皮变为黄色、棕黄色，以春秋发病重，草坪稠密、雨水多时发病重。

防治方法如下。

（1）选用抗锈病品种，合理选种混合草坪。

(2)注意增施磷钾肥，适当施用氮肥，适时修剪，促使草坪通风透光。

(3)药剂防治：发病时喷洒 25% 三唑酮可湿性粉剂 1 000~2 500 倍液或 12.5% 速得利可湿性粉剂 2 000 倍液喷雾。

2. 蘑菇圈

蘑菇圈是蘑菇真菌的孢子繁殖后代的结果，主要危害各种草坪。春末夏初连续降雨，草坪中容易出现硬柄小皮伞引起的蘑菇圈，其营养体在土中大量繁殖，危害草坪的根系，极大地降低了草坪草抗逆能力，特别在干旱条件下引起草坪根系死亡

防治方法如下。

(1)加强草坪管理，更换病土，清除枯草层，注意加强灌水，清除蘑菇。

(2)打孔浇灌 75% 百菌清可湿性粉剂 1 200 倍或 50% 多菌灵可湿性粉剂 600~800 倍液。

3. 白三叶花叶病毒病

白三叶花叶病毒病表现为叶片绿色与黄色镶嵌状态，呈花叶状，远看一片黄色。植物一旦感染上病毒则导致植物全身发病，病株生长发育不良，器官畸形，植株矮化，严重时造成毁灭。

防治方法如下。

(1)选用无病种苗。

(2)清除杂草，减少侵染源。

(3)将发病株全部挖除加以销毁。

(4)预防人为的传播，接触过病株、病材料的手和工具要用肥皂或洗涤剂清洗后才能接触健株。

(5)消灭传病介体，防治蚜虫、叶蝉、飞虱等害虫以免对地被植物为害和传毒，可喷洒 40% 乐斯本乳油 2 000~2 500 倍液、赛丹乳油 1 500~2 000 倍液或 70% 艾美乐水分散粒剂 8 000 倍液以消灭传毒介体。

4. 草坪腐霉枯萎病

该病能侵染草坪草的各个部位，形成烂芽、苗腐、猝倒、根腐，湿度大时可见一层茸毛状白色菌丝层，造成草坪一块块腐烂，枯死后形成草坪斑秃。

防治方法如下。

(1)加强草坪养护，建植草坪前改良黏重土壤。

(2)合理浇水，用喷灌、滴灌方式，减少灌水次数。合理施肥，均衡施肥，氮肥不宜过多，增施磷、钾肥及有机肥。

(3)生长旺季要适时修剪，修剪不能过频，草不能过低，高度保持在 5~6 cm 较好。

(4)为了控制过旺生长，喷洒 15% 多效唑可湿性粉剂 500 倍 1~2 次(5 天 1 次)。

(5)高温高湿季节可喷洒 75% 百菌清可湿性粉剂 1 000~1 500 倍液或 80% 乙磷铝可湿性粉剂 500~600 倍，10 天喷 1 次，共喷 3 次。

5. 非侵染性草坪斑秃

草坪经常因养护不当，长期不停浇水、践踏等造成土壤板结；长期不施肥，草坪根系密集而导致营养不良，造成草坪因养分不足而枯死，在草坪草上不定形地成片发生枯死而构成草坪的斑秃，枯死草在潮湿情况下还不断有各种腐生菌腐生。

防治方法如下。

（1）清理斑秃的枯草层，疏松土壤，进行草坪草的补栽。

（2）合理灌水，减少灌水次数，争取一次性灌足灌饱。

（3）合理施肥，多施有机肥、复合肥，做好秋季草坪的复壮工作，秋季施肥，每平方米施用 25 g 的氮、磷、钾（9∶6∶4 比例）复合肥，再追施每平方米 10~15 g 尿素，可促进草坪草从夏季高温高湿的逆境中恢复过来。

（4）对土壤板结草坪也可结合打孔通气。

第四部分　园林植物繁育知识

第一章　园林树木的种子生产

第一节　种实的采集与调制

一、种子的采集

园林树木的优良种实一般应该从种子园或母树林中采集，必要时也可从选择的优良目标母树采集。

（一）母树的选择

为了获得品质优良、适于播种或储藏的种子，应尽可能从种子园采集。在种实采集过程中，必须能够识别种实的外部形态特征，了解种子成熟和脱落的一般规律，掌握采集种实的时期，并依据种实类别和特性，采取针对性的调制方法，才能够获得适于播种或贮藏的优良种实。

对于木本园林植物，可在树种的适生分布区域内，选择稳定结实的壮龄植株作为采集种实的母树。一般来说，采集种实的母树，应具有培育目标所要求的典型特征，且发育健壮，无机械损伤，未感染病虫害。

（二）种子的成熟

种子的成熟过程就是胚和胚乳发育的过程，是受精卵细胞逐渐发育成具有胚根、胚轴、胚芽和子叶的完全种胚的过程。种子成熟包括生理成熟和形态成熟两个过程。

1. 生理成熟

当种子的营养物质积累到一定程度，形成种胚，种实具有发芽能力时，称为种子的“生理成熟”。生理成熟的种子含水量高，营养物质处于易溶状态，种皮不致密，尚不完全具备保护功能。此时的种实还不宜保存，因此多不在此时进行种子的采集。但对于那些休眠期长且不易打破休眠的树种，如山楂、水曲柳、椴树等，可采集生理成熟的种子，采后立即播种，可以缩短休眠期，提高种子的发芽率。

2. 形态成熟

当种胚发育完全，营养物质积累结束，含水量降低，营养物质转为难溶状态，种皮致密、坚硬，抗性增强，同时种子的外部形态完全呈现出成熟的特征时，称为“形态成熟”。一般园林树木的种实多在此时采集。

多数园林树木，其种子达到生理成熟之后，隔一段时间后方能达到形态成熟。但有些树种的种子，其形态成熟与生理成熟几乎同时完成，如杨、柳、白榆、泡桐、檫树、台湾相思、银合欢等。还有一些树种，如银杏、七叶树、水曲柳和冬青等，其种子是形态成熟在先，生理成熟在后。对于这些树种而言，从外观形态看，种实已达到形态成熟，但此时种胚并没有发育完全，需要在适宜的条件下，经过一段时间的贮藏后，才能发育成熟，具有正常发芽能力。这种现象称为生理后熟。

（三）种实采集的方法

1. 确定适宜的采集期

大多数园林树种的种实采集期在秋季，如银杏、木兰、核桃、油松等。杨、柳、榆、桑等树种的种实在夏季采集。还有些树种的种实在冬季采集，如女贞、国槐、桧柏等。种实成熟后较长时间不脱落的树种，有充分的种实采集时间，但考虑到种实长时间挂在树上，易受虫害和鸟类啄食，导致减产和种子品质下降等，仍应当在形态成熟后及时采集种实。对于成熟期和脱落期较接近的树种，应当注意及时观察，及时采集。对于深休眠的种子，如山楂、椴树等，在生理成熟后形态成熟前进行采集，并立即播种或进行层积催芽，可大大缩短其休眠期，提高种子的发芽率。

2. 采种方法

根据种实的大小，种实成熟后脱落的习性和时间不同，可采用以下方法：①地面采收；②从植株上采收；③从伐倒木上采集。

二、种实调制

种实调制是指种实采集后，为了获得纯净而质优的种实并使其达到适于贮藏或播种的程度所进行的一系列处理措施。其主要内容有脱粒、净重、干燥、分级等。

1. 球果类种实的调制

针叶树的球果类种实，如油松、柳杉、云杉、侧柏、落叶松、金钱松等，种子包藏在球果的种鳞内，种实调制中首先要进行干燥，使球果的鳞片失水后反曲开裂，种子才能脱出。球果干燥分自然干燥和人工干燥脱粒两种方法。

为了便于贮藏和播种，对于云杉、冷杉、落叶松、油松等带翅的种实，完成脱粒工序后，要通过手工揉搓或用去翅机，除去种翅。

2. 干果类种实调制

干果类种实调制工序主要是使果实干燥，清除果皮和果翅、各种碎屑、泥土和夹杂物，取得纯净的种实，然后晾晒，使种实达到贮藏所要求的干燥程度。调制时要注意，含水量高的种实若放置时间长，种实堆容易发热而致使种子受害，因此，必须及时进行调制，且不宜暴晒，而适宜阴干，或直接混沙埋藏，如杜仲、榆、壳斗科等。含水量低的种实，一般可在阳光下直接晒干，如丁香、紫薇、白鹃梅、紫荆等。

3. 肉质果类种实调制

肉质果类包括浆果、核果、仁果、聚合果以及包在假种皮中的球果等，如樟树、核桃、山楂、小檗、海棠、桑树、山丁子、圆柏、银杏、红豆杉、李、桃、梅等树种的种实。

肉质果的果肉含有较多果胶和糖类，水分含量也高，容易发酵腐烂。所以，采集种实后要及时调制，取出种子。否则，种子会出现发酵腐烂现象，降低品质。调制的工序主要为软化果肉、揉碎果肉，用水淘洗出种子，然后进行干燥和净种。

一般情况下，从肉质果实中取出的种子含水率高，不宜在阳光下暴晒，应先在通风良好的地方摊放阴干，达到安全含水量时再进行贮藏。

4. 净种和分级

净种是指清除种实中的夹杂物，如鳞片、果屑、枝叶、空粒、碎片、土块以及异类种子等。依种子和夹杂物的比重大小不同，可采取风选、筛选、水选和粒选等净种方法。

分级是将某一树种的一批种子按种粒大小进行分类，通常和净种工作同时进行。

第二节　种子的贮藏

一、种子贮藏的目的

种子是极为重要的生产资料。种子贮藏是种子经营管理中最重要的工作环节。

种子贮藏的基本目的是通过采用合理的贮藏设备和先进的技术，人为地控制贮藏条件，使种子劣变减小到最低程度，在一定时期内最有效地使种子保持较高的发芽力和活力，确保育苗时对种子的需要。

大多数园林树木的种子在秋冬季节成熟，而播种却多在春季进行，所以采集种实后需要进行贮藏。虽然有些树种的种子在夏季成熟，且可随采随播，但是为了使新萌发的幼苗能在当年有更长的生长期，同时也便于生产安排，同样需进行种子贮藏，以备不同时期的播种需要。特别是许多园林树木具有结实周期性特征，各年结实有很大的不确定性，丰年应该尽量多采集种实进行较长时期的贮藏，以便在歉年仍能有充足的种实供应。种实贮藏期限的长短，视贮藏目的、种子本身的特性及贮藏条件而定。

二、种子贮藏的方法

种子贮藏方法依种实类型和贮藏目的而定，最主要的是依据种子安全含水量的高低来确定，应用较多的是干藏法和湿藏法。

1. 干藏法

种子本身含水量较低，计划贮藏时间较短的种子，尤其是秋季采收且准备来年春季进行播种的种子，可采用干藏法。适于干藏的树种有侧柏、杉木、柳杉、水杉、云杉、油松、马尾松、白皮松、红松、合欢、刺槐、白蜡、丁香、连翘、紫薇、紫荆、木槿、山梅花等。

方法是先将种子进行干燥，达到气干状态，然后装入麻袋、布袋、缸、瓦罐、木桶或其他容器内，置于常温，相对湿度保持在 50% 以下，或 0~5℃低温、相对湿度 50%~60%，且通风的种子库贮藏。贮藏时注意容器内要稍留空隙，严密防鼠、防虫，注意及时观察，防止潮湿。

干藏法可分为：普通干藏法、低温干藏法和密封干藏法。

2. 湿藏法

湿藏法即把种子置于一定湿度的低温（0~10℃）条件下进行贮藏。这种方法适于安全含水量（标准含水量）高的种子，如栎类、银杏、樟、楠、忍冬、黄杨、紫杉、椴树、女贞、海棠、木瓜、山楂、火棘、玉兰、马褂木、大叶黄杨等。湿藏法主要包括室内堆藏、室外埋藏、窖藏等方法。

1）室外挖坑埋藏

最好选地势较高、背风向阳的地方，通常坑的深和宽为 0.8~1 m，坑长视种子多少而定，坑底先垫 10 cm 厚的湿沙，然后种子与湿沙按容积 1∶3 比例混合后放入坑内，坑的最上层铺 20 cm 厚的湿沙。贮藏坑内隔一段距离插一通气筒或作物秸秆或枝条，以利通气。地表之上堆成小丘状，以利排水。对于珍贵或量少的种子，可将种子和沙子混合或层积，置入木箱内，然后将木箱埋藏在坑中，效果良好。

2）室内混沙湿藏

这种方法可保持种子湿润，且通气良好，湿沙体积为种子的 2~3 倍，沙子湿度视种子而异。对于银杏和樟树种子，沙子湿度宜控制在 15% 左右；对于栎类、槭、椴等，可采用湿度为 30% 的沙子，如果湿度太大，容易引起发芽。一般以“手握成团、手松即散”为宜。温度以 0~3℃为宜，太低易造成冻害，太高又会引起种子发芽或发霉。

第二章 园林树木的播种繁殖

第一节 播种繁殖的意义

一、播种繁殖的意义

播种繁殖是利用树木的种子，对其进行一定的处理和培育，使其萌发、生长、发育，成为新的一代苗木个体，也称有性繁殖。

用种子播种繁殖所得的苗木称为播种苗或实生苗。

园林树木的种子体积较小，采收、贮藏、运输、播种等都较简单，可以在较短的时间内培育出大量的苗木或嫁接繁殖用的砧木，因而在园林苗圃中占有极其重要的地位。

二、播种繁殖的特点

(1)利用种子繁殖，一次可获得大量苗木，种子获得容易，采集、贮藏、运输都较方便。

(2)播种苗生长旺盛，健壮，根系发达，寿命长；抗风、抗寒、抗旱、抗病虫的能力及对不良环境的适应力较强。

(3)种子繁殖的幼苗，遗传保守性较弱，对新环境的适应能力较强，有利于异地引种的成功。

(4)用种子播种繁殖的苗木，特别是杂种幼苗，由于遗传性状的分离，在苗木中常会出现一些新类型的品种，这对于园林树木新品种、新类型的选育有很大的意义。

(5)种子繁殖的幼苗，由于需要经过一定时期、一定条件下的生理发育阶段，因而开花、结果较无性繁殖的苗木晚。

(6)由于播种苗具有较大的遗传变异性，因此对一些遗传性状不稳定的园林树种，用种子繁殖的苗木常常不能保持母树原有的观赏价值或特征特性。

第二节 播种前的准备

一、整地作床

1. 整地

根据当地的气候，可根据苗圃地的土壤和前作情况采用不同的整地方法，深翻熟土，改良土壤。

2. 土壤消毒

土壤是传播病虫害的主要媒介，也是病虫害繁殖的主要场地，还常伴有杂草种子，因此需进行土壤的消毒工作。常用的消毒药剂有硫酸亚铁、敌克松、辛硫磷和福尔马林等。

3. 作床

为了给种子发芽和幼苗生长发育创造良好的条件，便于苗木管理，应采用苗床育苗。

苗床依其形式可分为高床、平床、低床三种。

1）高床

床面高于地面，其高出的程度为 15~25 cm，一般宽度为 1.1~1.2 m。床长根据播种区的大小而定，一般长度为 15~20 m，步道宽 30~40 cm。

高床的优点是床面高，排水良好，地温高，通气，肥土层厚，苗木发育良好，便于侧方灌溉，床面不致发生板结。高床适用于南方降雨量多或排水不良的黏质土壤苗圃地，以及对土壤水分较敏感、怕旱又怕涝的树种或发芽出土较难、必须细致管理的树种。

2）低床

低床床面低于步道，床面宽 1 m，步道宽 30~40 cm，高 15~18 cm，床的长度与高床的要求相同。

低床具有做床比高床省工、灌溉省水、保墒性较好等优点，但也具有灌溉后床面板结、不利排水以及起苗比高床费工等不足。低床适宜于北方降雨量较少或较干旱的地区应用，或适用于喜湿、对稍有积水无碍的树种，如大部分阔叶树种和部分针叶树种。

3）平床

平床床面比步道稍高，筑床时，只需用脚沿绳将步道踩实，使床面比步道略高几 cm 即可。平床适用于水分条件较好、不需要灌溉的地方或排水良好的土壤。

二、种子的处理

播种前要进行种子精选、消毒和催芽处理等工作。

1. 种子精选

为了获得纯度高、品质好的种子，确定合理的播种量，以保证播种后出苗齐、苗健壮，在播种前应对种子进行精选，可根据种子的特性和夹杂物的情况采取筛选、风选、水选或粒选等方法。

2. 种子消毒

为了消灭附在种子上的病菌，预防苗木发生病害，在种子催芽和播种前，应进行种子消毒灭菌。苗木生产上常用的种子消毒方法有硫酸铜溶液浸种、敌克松拌种、福尔马林溶液浸种、高锰酸钾溶液浸种、石灰水浸种等。

3. 种子催芽

催芽即是用人为的方法打破树木种子的休眠，并使种子长出胚根的处理。

通过催芽，可提高种子的发芽率，减少播种量，节约种子，且出苗整齐，有利于播种圃地的管理。

催芽的方法有层积催芽、浸种催芽、药剂浸种和其他催芽方法。

第三节　播种繁殖技术

一、播种时期

确定适宜的播种时期是育苗工作的重要环节之一。播种时间影响到苗木的生长期、出圃的年限，幼苗对环境条件的适应能力，土地的使用率以及苗木的养护管理措施等。适宜的播种时间能促使种子提前发芽，提高发芽率，播后出苗整齐，苗木生长健壮，并具有较强的抗寒、抗旱和抗病能力，从而节省土地和人力。

播种时期要适时、适地、适树才能达到良好的效果。

播种时期的划分，通常按季节分为春播、夏播、秋播和冬播。

1. 春播

春季是主要的播种季节。在大多数地区，大多数树种都可以在春季播种，一般在土地解冻后至树木发芽前将种子播下。播种时间宜早不宜迟。春播要注意防止晚霜危害。

春播具有从播种到出苗时间短，减少管理用工，减轻鸟、兽、虫等对种子的伤害等优点。春播还具有气温适宜，土壤不板结，利于种子萌发、出苗、生长等好处。春播幼苗出土后，气温逐渐增高，可避免低温和霜冻的危害。

2. 夏播

夏播适用于易丧失发芽力、不易贮藏的夏熟种子，如杨树、榆树、桑树、檫木等。采用随采随播的方法，种子发芽率高。夏播应尽量提早，以延长苗木生长期，提高苗木质量，使其能安全越冬。

夏季气温高，土壤水分易蒸发，应在雨后进行播种或播前充分灌水，浇透底水有利于种子发芽，播后要加强管理，经常灌水，保持土壤湿润，降低地表温度，以利于苗木生长。

3. 秋播

秋播是次于春播的重要季节。一些大、中粒种子或种皮坚硬的、有生理休眠特性的种子都可以在秋季播种。

秋播是符合自然规律的播种期，种子在土壤中完成了休眠、催芽过程，来春幼苗出土早、整齐，扎根深，能增强抵抗力。秋播节省了种子贮藏和催芽工作费用，可降低育苗成本。但秋播也具有种子留土时间长，易受鸟、兽危害，播种量较春播大等缺点。秋播应掌握“宁晚勿早”的原则。

4. 冬播

我国南方气候温暖，冬天土壤不冻结，而且雨水充沛，可以进行冬播。冬播实际上是春播的提早，也是秋播的延续。

二、播种方法

目前常用的播种方法有条播、点播和撒播。

1. 条播

条播即按一定的行距，将种子均匀地撒在播种沟中的播种方法。条播是应用最广泛的方法。如紫荆、侧柏、海棠等。

条播一般播幅（播种沟宽度）为2~5 cm，行距10~25 cm。

2. 点播

点播即按一定的株、行距挖穴播种，或按行距开沟后再按株距将种子播于沟内。点播主要适用于大粒种子，如银杏、核桃、板栗、杏、桃、油桐、七叶树等。播种时要注意种子的出芽部位，为了利于幼苗生长，种子应侧放，使种子的尖端与地面平行。

3. 撒播

撒播即将种子均匀地撒在苗床上或垄上。撒播主要适用于一般小粒种子，如杨、泡桐、桑、马尾松等。

三、播种技术

播种过程包括划线、开沟、播种、覆土、镇压等五个环节。

1. 划线

划线是为了定出播种位置，目的是使播种行通直，便于抚育和起苗。

2. 开沟与播种

开沟与播种两项工作必须紧密结合，开沟后立即播种，以防播种沟干燥，影响种子发芽。播种沟宽度一般为 2~5 cm。

3. 覆土

播种后应立即覆土，以免播种沟内的土壤和种子干燥。一般覆土厚度应为种子直径的 2~3 倍。一般用土、细沙或腐殖土覆盖种子，要求覆土均匀，厚度适当，而且覆土速度要快。

4. 镇压

为了使种子与土壤紧密接触，使种子能顺利从土壤中吸取水分，在干旱地区或土壤疏松、土壤水分不足的情况下，覆土后要进行镇压。

第四节　播种苗的管理

播种后的管理主要包括以下几方面。

1. 遮阴保墒

遮阴可使幼苗不受阳光直射，降低地表温度，防止幼苗遭受日灼危害，也可起到降温保墒的作用。遮阴一般可用苇帘、竹帘设活动荫棚。透光率以 50%~80% 为宜，荫棚高度为 40~50 cm，每日 9:00—17:00 进行遮阴。

2. 间苗和补苗

1)间苗

间苗又称疏苗，即将部分苗木除掉。通过间苗，使苗木密度趋于合理，生长良好，以提高苗木质量。

间苗的时间因树种、地区不同而异。阔叶树种第一次间苗的时间，可掌握在幼苗期的前期，即在幼苗展开 3~4 片(对)真叶、互相拥挤时进行；第二次间苗在第一次后 20 天左右进行。

间苗一般分 1~2 次进行为好，具体要依幼苗的长势、密度等情况而定。最后一次间苗又称定苗，定苗不能过晚，否则会降低苗木质量。

在定留苗数时，要比计划产苗量多 5%~10%。主要间除有病虫害的苗、受机械损伤的苗、发育不正常或生长弱小的劣苗，以及并株苗、过密苗等。

2)补苗

补苗工作是补救缺苗断垄的一项措施。补苗时间宜早不宜迟。补苗时最好选择阴雨天或傍晚进行，避过高温强日照时段，以提高成活率。

3. 截根和移栽

截根主要是截断苗木的主根，一般在幼苗长出 4~5 片真叶、根系尚未木质化时进行。截根深度在 5~15 cm 为宜。其目的是控制主根的生长，促进侧根和须根生长，加速苗木的生长，提高苗木质量，同时提高移植后的成活率。

结合间苗进行幼苗移栽，以提高种子的利用率。待幼苗长出 2~3 片真叶后，按一定株行距进行移栽，移栽同时可起到截根的效果，移栽后应及时进行灌水和适当遮阴。

4. 中耕除草

中耕即为松土，是在苗木生长期间对土壤进行的浅层耕作。中耕可以疏松表土层，减少土壤水分的蒸发，促进土壤空气流通，有利于微生物的活动，提高土壤中有效养分的利用率，促进苗木生长，

中耕通常与除草结合进行。中耕在苗期宜浅，要及时进行。随苗木的生长，要根据苗木根系生长情况来确定中耕的深度。

在苗木抚育管理中，除草是一项费时、费力的重要工作。杂草与幼苗争肥、争水，严重影响苗木的正常生长，同时杂草也是病虫的根源，因此在整个育苗过程中都要及时做好除草工作。

5. 灌溉与排水

1）灌溉

幼苗期灌溉是一项重要的技术措施。灌溉的次数、每次的灌溉量等应根据不同树种、土壤情况、气候季节及生长时期等具体情况而定。

灌溉的方法目前多采用地沟灌溉。灌溉时要注意防止冲刷苗床，因此灌水时水流要小、要缓。

2）排水

排水主要是指排除因大雨或暴雨造成的苗圃区积水。做好苗圃排水工作的关键是建立完整的排水系统。

6. 施肥

肥料是多种多样的，概括起来分为有机肥料、无机肥料两类。

1）有机肥料

常用的有机肥料有人粪尿、厩肥、堆肥、泥炭、河泥、森林腐殖质肥料、绿肥以及饼肥等。有机肥料能提供苗木所必需的营养元素，属于完全肥料，肥效长，能改善土壤的理化性质，促进土壤微生物的活动，发挥土壤的潜在肥力。

2）无机肥料

常用的无机肥料以氮肥、磷肥、钾肥三类为主，主要是各类化学肥料、颗粒肥料、草木灰、骨粉、石灰以及微量元素等。

施肥分为施基肥和追肥两种。基肥多在秋冬季进行，多用沟施、穴施；追肥主要在生长季进行，如花灌木通常在花前、花后进行，多用撒施、穴施。

7. 病虫害防治

对苗木生长过程中发生的病虫害，其防治工作贯彻“防重于治”和“治早、治小、治了”的原则。

8. 防寒防冻

一年生播种苗的组织幼嫩，尤其是秋梢部分，入冬时如不能完全木质化，抗寒力低，易受冻害，早春幼苗出土或萌芽时，也最易受晚霜的危害。可通过以下方面予以防治。

1）增强苗木的抗寒能力

适时早播，在生长季后期多施磷、钾肥，减少灌水，促使苗木生长健壮，枝条充分木质化，提高抗寒能力，亦可采用夏、秋修剪及打梢等措施，促进苗木停止生长，使组织充实，抗寒能力增加。

2）预防霜冻，保护苗木安全越冬

预防霜冻的主要措施有埋土培土、覆盖、搭霜棚、设风障、灌冻水、假植等。

第三章 苗木的营养繁殖

营养繁殖是利用植物的营养器官如枝、根、茎、叶等,在适宜的条件下,培养成一个独立个体的育苗方法。营养繁殖由于没有性细胞的参与,又称无性繁殖。用营养繁殖方法培育出来的苗木称为营养繁殖苗或无性繁殖苗。

营养繁殖是利用植物细胞的再生能力、分生能力以及与另一株植物嫁接生长的亲和力进行育苗的方法。

营养繁殖具有以下特点。

(1)营养繁殖苗能够保持母本的优良性状。

(2)营养繁殖苗一般生长快,可提早开花结实。

(3)有些园林植物不结实或结实少或不产生有效种子,则可通过营养繁殖进行育苗,提高生产苗木的成效和繁殖系数。如重瓣花类的碧桃、樱花等。

(4)可以培养特殊造型的园林苗木和复壮古树。

(5)繁殖速度快,方法简便、经济。

(6)繁殖方法多样,有扦插繁殖、嫁接繁殖、分株繁殖、埋条繁殖、压条繁殖等。

第一节 扦插繁殖

一、扦插繁殖的概念

扦插繁殖是利用植物营养器官如根、茎(枝)、叶等的一部分,在一定的条件下,插入土、沙或其他基质中,使其生根发芽,成为完整独立新植株的繁殖方法。

经过剪截用于直接扦插的部分叫插穗。用扦插繁殖所得的苗木称为扦插苗。

二、扦插生根的原理

1. 生根原理

扦插生根主要是利用植物细胞的全能性。在植物的茎或根生长点和形成层的细胞,作为分生组织,当植物的某一部分受伤或切除时,植株能表现出弥补损伤和恢复协调的技能,这也称为再生能力。扦插繁殖就是利用这种特性进行育苗的。

2. 扦插生根的类型

扦插成活的关键是插条能否生根。插条之所以能生根,是由于枝条内形成层和维管束组织细胞恢复分裂能力,形成根原始体,而后发育生长出不定根并形成根系。

根据不定根形成的部位,生根可分为两种类型:一种是皮部生根型,即以皮部生根为主,从插条周身皮部的皮孔、节(芽)等处发出很多不定根;另一种是愈伤组织生根型,即以愈伤组织生根为主,从基部愈伤组织(或愈合组织),或从愈伤组织相邻近的茎节上发出很多不定根。但也有许多树种的生根是处于中间状况,即综合生根类型。

三、促进扦插生根的方法

1. 植物生长调节剂处理法

常用的生长素有萘乙酸（NAA）、吲哚乙酸（IAA）、吲哚丁酸（IBA）、2，4-D 等。

2. 化学药剂处理法

采用化学药剂进行处理，如硼酸、醋酸、磷酸、高锰酸钾、硫酸锰、硫酸镁、蔗糖、葡萄糖、腐殖酸、维生素类、杀菌剂等。

3. 物理方法

物理方法包括刻伤枝条、黄化处理、插床保温、弥雾保湿、增温处理等。

四、扦插育苗技术

1. 确定适宜的扦插时期

落叶树种以休眠期扦插为主，春、秋季均可进行，但以春季为多。

常绿树种多在梅雨季节即 5—7 月进行扦插。

2. 选择优质插条

1）硬枝插条的选择

硬枝插条要选择年幼树上 1~2 年生的枝条，或基部萌发的根蘖条，要选用健壮、无病虫害且营养物质丰富的粗壮枝条。

2）嫩枝插条的选择

嫩枝插条要选用生长健壮的年幼树上开始木质化的枝条。

3. 正确的扦插方法

根据选用的材料不同，扦插可分为枝插、根插、叶插。园林树木一般采用枝插，其次是根插，较少采用叶插。

1）硬枝扦插

硬枝扦插又叫休眠期扦插，是利用充分成熟的 1~2 年生枝条进行的扦插。采条时间多在秋末树木停止生长后至翌年萌芽前进行。

扦插时，剪取长 10~15 cm，带 2~3 个芽的枝段作插穗，上芽离剪口 1~2 cm，剪口成斜面，斜面方向是朝着芽的一面高，背着芽的一面低。插入深度为插穗的 1/2~2/3，扦插后压实插壤，立即浇水，并经常保持苗床的湿润。

2）嫩枝扦插

嫩枝扦插又叫软枝扦插、绿枝扦插，一般在生长期用半木质化的带有一定数量叶片的新梢进行扦插。每根插穗长 10~15 cm，保留 3~4 个芽，下部齐节剪，以利生根，上部保留 1~2 片叶，除去嫩梢，以减少蒸发。插穗剪好后立即扦插，插入深度以插条的 1/3 为宜。插后需遮阴、喷雾，一般每天喷 3~4 次。

4. 做好扦插后的管理

（1）扦插后应立即灌足第一次水，以后经常保持插壤和空气的湿度。

（2）在新梢长到 15~30 cm 时，应选留一个健壮直立的枝条，其余抹去。

（3）注意遮阴降温，保持通风良好。

（4）及时抹芽和除萌，并做好病虫害防治。

第二节 嫁接繁殖

一、嫁接繁殖的意义

嫁接是指将一种植物的枝或芽接到另一种植物的茎（枝）或根上，使之愈合生长在一起，形成一个独立植株的繁殖方法。供嫁接用的枝、芽称接穗；承受接穗的植株叫砧木。用枝条作接穗的称枝接，用芽作接穗的称芽接。

嫁接繁殖的作用：①保持品种的优良特性；②提高适应性，扩大栽培应用区域；③提早开花结果；④克服不易繁殖缺点，扩大繁殖系数；⑤培育新品种；⑥恢复树势，治救创伤，补充缺枝，更新品种。

二、嫁接成活原理

1. 嫁接成活原理

嫁接能否成活主要取决于接穗和砧木能否互相密接产生愈合组织，并进一步分化产生新的输导组织而相互连接。嫁接后，砧木和接穗接合部位各自的形成层薄壁细胞进行分裂，形成愈伤组织，逐渐填满接合部的空隙，使接穗与砧木的新生细胞紧密相接，形成层进一步分化，向外产生韧皮部，向内产生木质部，将两者木质部的导管与韧皮部的筛管连通起来，两个异质部分从此结合为一体。

2. 影响嫁接成活的因素

影响嫁接成活的因素主要可分为内在因素和外部因素。

1）内在因素

（1）砧木和接穗的亲和力。亲和力指的是接穗和砧木在形态、结构、生理和遗传性等方面彼此相同或相近，因而能够互相亲和而结合在一起的能力。嫁接亲和力是嫁接成活最基本的条件。亲和力高嫁接成活率也高，反之嫁接成活的可能性越小。亲和力的强弱与树木亲缘关系的远近有关，一般规律是亲缘关系越近，亲和力越强，所以品种间嫁接最易成活，种间次之，不同属之间又次之，不同科之间则较困难。

（2）形成层的作用和愈合组织的生长。形成层再生能力的强弱和愈合组织能否形成也是影响嫁接能否成活的关键，因此嫁接中应创造一切条件以利于形成层细胞的活动和愈合组织的形成。

（3）砧木、接穗的生活力及树种的生物学特性。

2）外部因素

外部因素主要包括温度、湿度、光照、空气、嫁接技术等。

（1）温度。在一定的温度范围内（4~30℃），温度高比温度低愈合快。

（2）湿度。保持接穗及接口处的湿度是嫁接成活的重要环节。

（3）光照。嫁接后人为地创造黑暗条件，有利于嫁接成活。

（4）空气。接口处需要充足的空气才能保证砧木、接穗正常的生命活动。

（5）嫁接技术。嫁接速度快而熟练，削面平整，形成层对齐密接，可提高嫁接成活率。

三、嫁接育苗技术

1. 砧木的选择

选择优良砧木是培育优良园林树木的重要环节。

选择砧木主要依据下列条件：①与接穗具有较强的亲和力；②对栽培地区的环境条件适应性强；③对接穗的优良性状的表现无不良影响；④繁殖材料丰富，易于大量繁殖。

砧木多以播种的实生苗为好，树龄以 1~2 年生苗为最佳，粗度以 1~3 cm 为宜。

2. 接穗的选择

采穗母树必须是品质优良纯正，生长健壮，观赏价值或经济价值高，优良性状稳定的植株。采条时应选择树冠外围中、上部生长充实、芽体饱满的新梢或一年生发育枝作为接穗。夏季采集的新梢，应立即去掉叶片和生长不充实的新梢顶端，只保留叶柄，并及时用湿布包裹，随采随接。春季枝接和芽接采集穗条，最好结合冬剪进行，也可在春季树木萌芽前 1~2 周采集。

3. 嫁接时期

枝接以早春砧木树液开始流动而接穗芽尚未萌动时为宜，一般在 3—4 月进行。

芽接可在春、夏、秋三季进行，但一般以夏、秋季 6—9 月为主。

4. 嫁接方法

嫁接方法多种多样，生产上常用的有芽接和枝接。

1）芽接法

用一个芽片作接穗的嫁接称芽接。其优点是利用接穗最经济，愈合容易，结合牢固，成活率高，操作简便，易于掌握，工作效率高。芽接常用的有“T”形芽接、方块形芽接和嵌芽接等。

以下以“T”形芽接为例进行说明。砧木一般选用 1~2 年生的小苗。选接穗上的饱满芽，剪去叶片，保留叶柄，按顺序自接穗上切取盾形芽片。先从芽上方 0.5 cm 左右横切一刀，刀口长 0.8~1 cm，深达木质部，再从芽片下方 1 cm 处向上斜切一刀，由浅入深，深达木质部，并与芽上方的横切刀相交，取下盾形芽片。砧木的切法是自地面 5~10 cm 处选光滑部位切一个“T”形切口，深度以深达木质部为宜。用芽接刀的尾尖将砧木皮层挑开，把芽片插入“T”形切口处，使芽片与“T”形切口的横切口对齐嵌实，然后用包扎条将切口包严，露出芽及叶柄。

2）枝接法

用一小段枝条作为接穗进行的嫁接叫枝接。优点是接后苗木生长快，健壮整齐，当年即可成苗，但需要接穗数量大，可供嫁接时间较短。枝接常用的方法有切接、腹接、劈接和插皮接等。

以下以切接为例进行说明。

砧木宜选用 1~2 cm 粗的幼苗，在距地面 5~10 cm 处截断，削平切面后，在砧木一侧垂直下刀，深达 2~3 cm。接穗则切削一个呈 2~3 cm 的长切面，对侧基部削一个 0.8~1 cm 的小斜面，接穗上保留 2~3 个完整饱满的芽。将削好的接穗插入砧木切口中，接穗插入的深度以接穗长切面露出 0.5 cm 左右为宜，俗称“露白”，使形成层对齐，砧、穗的削面紧密结合，再用包扎带捆好。

四、嫁接后的管理

1. 检查成活率及解除绑缚物

枝接一般在接后 20~30 天，可进行成活率的检查。成活后接穗上的芽新鲜、饱满，甚至已经萌发生长；未成活则接穗干枯或变黑腐烂。芽接一般 7~14 天即可进行成活率的检查，成活者的叶柄一触即掉，芽体与芽片呈新鲜状态；未成活则芽片干枯变黑。一般当新芽长至 2~3 cm 时，即可全部解除绑缚物，生长快的树种，枝接最好在新梢长到 20~30 cm 长时解绑，如果过早，接口仍有被风吹干的可能。

2. 剪砧和除萌

嫁接成活后，凡在接口上方仍有砧木枝条的，要及时将接口上方砧木部分剪去，以促进接穗的生长。一般树种大多可采用一次剪砧，即在嫁接成活后，春季开始生长前，将砧木自接口处上方剪去。嫁接成活后，砧木常萌发许多蘖芽，为集中养分供给新梢生长，要及时抹除砧木上的萌芽和根蘖，一般需要去蘖 2~3 次。

3. 立支柱扶直

嫁接苗长出新梢时，遇到大风易被吹折或吹弯，从而影响成活和正常生长，故一般在新梢长到 5~8 cm 时，紧贴砧木立一支柱，将新梢绑于支柱上。

4. 补接

嫁接失败后，应抓紧时间进行补接。

5. 田间管理

嫁接苗生长前期，应注意加强肥水管理，中耕除草，病虫害防治，秋季适当控制肥水，促进枝条成熟。

第三节　分株繁殖

一、分株繁殖的意义

分株繁殖是利用某些树种能够萌生根蘖或茎蘖的特性，把根蘖苗或茎蘖苗从母株上分割下来，进行栽植，使之形成新植株的一种繁殖方法。

分株繁殖适用于易生根蘖或茎蘖的园林树种，如刺槐、臭椿、枣、银杏、毛白杨、泡桐、文冠果、玫瑰、珍珠梅、绣线菊等。

二、分株繁殖技术

1. 分株时期

分株一般在春、秋两季进行。春季在发芽前进行，秋季在落叶后进行。春季开花植物宜在秋季落叶后分株，而秋季开花植物应在春季萌芽前分株。

2. 分株的方法

1）灌丛分株

灌丛分株是指将母株一侧或两侧土挖开，露出根系，将带有一定茎干（一般 1~3 个）和根系的萌株带根挖出，另行栽植。

2）根蘖分株

根蘖分株是指将母株的根蘖挖开，露出根系，用利斧或利铲将根蘖株带根挖出，另行栽植。

3）掘起分株

掘起分株是指将母株全部带根挖起，用利斧或利刀将植株根部分成有较好根系的几份，每份地上部分均应有 1~3 个茎干，再行栽植。

第四节　压条繁殖

一、压条繁殖的意义

压条繁殖是指将母株的部分枝条或茎蔓压埋在土中或其他湿润的基质中，使其生根，然后从母株分离形成独立植株的繁殖方法。

压条繁殖的特点是：①成活率高；②繁殖系数低；③多用于扦插不易生根的木本植物，如玉兰、桂花、荔枝等。

二、压条育苗技术

1. 压条的时期

压条多在春季萌芽前后进行，因压条时多施用刻伤、环割等措施，时间不宜太迟。一般选择成熟而健壮的 1~2 年生枝条。

2. 压条的方法

1）低压法

低压法是利用母株上处于下位、接近地表的枝条，用土或其他基质将枝条压埋，使其生根形成新植株。根据压条的状态不同可分为普通压条、水平压条、波状压条及堆土压条等方法。如迎春、大叶黄杨、连翘、紫藤、地锦、八仙花、牡丹、锦带花、黄刺玫等。

2）高压法

高压法也叫空中压条法。凡是枝条坚硬不易弯曲或树冠太高枝条不能弯到地面的树种，可采用高压法进行繁殖。高压法一般在生长期进行，适用于米兰、杜鹃花、栀子、桂花、玉兰、橡皮树等。

3. 压条后的管理

压条之后应保持土壤湿润，调节土壤通气和适宜的温度，适时灌水，及时中耕除草；随时检查埋入土中的压条是否露出地面，若露出则需重压，留在地上的枝条如果太长，可适当剪去部分顶梢。分离压条时间视根的生长情况而定，必须有良好的根群方可分割。

第四章　大苗培育

园林树木的大苗培育是指将各种繁殖方法得到的小苗进一步培养，经移栽、整形修剪和多年培育，最终得到符合城市绿化要求的大规格苗木的生产过程。

第一节　苗木的移植

一、移植的作用

（1）移植为苗木提供了合理的株行距。

（2）移植是形成苗木健壮根系的保障。

（3）移植是培育苗木优美树形的重要措施。

（4）移植是提高土地利用率的一种有效手段。

（5）移植是苗木分级处理的重要过程。

二、移植成活的原理

苗木移植成活的基本原理是如何维持地上部分与地下部分的水分和营养物质的平衡。为了达到新的平衡，一是进行地上部分枝叶修剪，减少部分枝叶量，减少水分和营养物质的消耗，使供给与消耗相互平衡；二是在地上部不修剪或少修剪枝叶的情况下，尽量减少地上部水分和营养物质的蒸腾和消耗，维持较长时间的体内水分平衡。

三、移植技术

1. 移植地的准备

移植地的准备主要包括：①补土还田；②休闲轮作；③整地施肥；④作畦等。

2. 移植时间

“植树无期、勿使树知”，苗木移植只要保持苗木地上部分和地下部分物质供给的动态平衡，时间可灵活掌握。一般情况下，最好在苗木的休眠期进行移植，如秋季 10 月至翌春 4 月，常绿树种也可在生长期进行移植。它主要包括春季移植、夏季移植、秋季移植等。

3. 移植次数与密度

一般情况下，阔叶树 2~3 年移植一次，针叶树 4~5 年移植一次。一般苗木移植 2~3 次为宜。

移植密度一般第一次移植为：落叶树种行距 50~100 cm，株距 40~50 cm；针叶树行距 30~50 cm，株距 5~30 cm。第二次移植行距 100~150 cm，株距 80~100 cm。

4. 移植方法

1）起苗

起苗的方法有裸根起苗和带土球起苗。

2）小苗整修

小苗整修主要是修整过长、受到创伤的根系。

3）栽植

栽植方法有穴植法、沟植法、孔植法。

四、移植苗的管理

它主要包括：①灌溉和排水；②喷水和遮阴；③扶正与补植；④覆盖；⑤中耕除草；⑥施肥；⑦病虫害防治；⑧越冬防寒等。

第二节　苗木的整形修剪

一、整形修剪的作用

整形修剪就是以苗木的枝、叶、芽以至茎干为对象，根据生长特性，通过保留、疏剪和短截等各种技术手段，合理有效地利用影响树体的生态因子，调节树体内部养分和水分的供需，使其生理生化活动能够建立新的平衡，并使树体外观向人们所要求的方向发展的一项综合措施。

整形一般是对幼树而言的，是指对幼树实行一定的措施，使其形成一定的树体结构和形态。修剪一般是对大树而言的，修剪意味着要去掉植物的地上部或地下部的一部分。

整形修剪是获得苗木理想树形的必要手段，是调节树体平衡的首要方法，是苗木提早出圃、防灾减病的重要保障。

二、整形修剪技术

1. 整形修剪时期

根据目的和方法，整形修剪可分为休眠期修剪和生长期修剪。

2. 整形修剪技术

常用的修剪技法有短截、疏枝、回缩、长放、变向、环剥与环割、摘心、抹芽、刻芽、拿枝等。

第三节　各类大苗的培育要点

一、乔木类大苗的培育

它主要包括针叶树和阔叶树。标准的乔木树形首先要有明显的主干，主干高度应在1 m以上，有些还应有中央领导干，有明显的顶端优势，其他主枝和各级侧枝围绕中央领导主干均匀分布，力求层次分明，从属关系正确。

乔木类大苗在园林中的应用一般为行道树、庭荫树、园景树等。理想的行道树大苗应具备高大通直的树干，树干高度为2.5~3.5 m，至少达2.0~2.5 m；要求树冠完整、紧凑、匀称且具有强大的根系。庭荫树大苗要求树干高1.8~2.0 m，冠大荫浓即可。对于乔木类大苗的培育，主要的技术要点是培育具有一定高度的树干，以及圆整的树冠。

1. 针叶类大苗的培育

针叶类大苗以松柏类为主，大多顶端优势明显，容易培养主干，在培养时多采用自然树形，通过适当的修剪，保持其原有树形，使之丰满圆整。

针叶树的修剪整形，应在苗木基本定型前尽早完成，其主要目的是定干数，独干或多干，如圆柏、侧柏、白皮松、华山松等在幼苗阶段应注意剪除基部徒长枝，避免出现计划外的双干或多干现象。对于针叶树枝条的处理，尤其是轮生枝，适时去掉多头枝、重叠枝和根部首轮弱枝，每轮可留 3~4 个主枝，使其均匀分布。

2. 阔叶乔木大苗的培育

阔叶乔木的树形由树冠及树干构成，树冠由一部分主干、主枝、侧枝及叶幕组成。在培育过程中，要在养好干的基础上，进一步培养树形。

1）阔叶乔木的养干

常见的养干方法有抚育修剪养干法、接干养干法、截干养干法、逐年养干法、密植养干法等。因树种特性不同而异。

2）阔叶树的养冠

一般多按树木的自然树形，不多加人为干预，修剪时有目的地疏除过密枝、重叠枝、病虫枝及创伤枝等。根据树种顶端优势强弱不同，养冠可分为有中央领导主干型和无中央领导主干型。

二、灌木类大苗的培育

灌木的观赏价值主要体现在观花和树形，因此，灌木大苗培育时，一个是要重视其生殖生长特点，一个是注意树形的培养。灌木可根据主干的数目分为单干式和多干式。

1. 单干式灌木大苗培育

它要求有一定的主干高度，树冠丰满匀称，根系强大，如梅花、海棠、桃等。

2. 多干式灌木大苗培育

多干类灌木的根蘖萌发力较强，应注意每丛留枝数量，如月季、迎春、连翘、珍珠梅等，一般选留 4~5 个分布均匀的作主枝，每一枝上留 3~4 个芽即可。

三、藤本类大苗的培育

藤本类大苗是进行垂直绿化的主要材料，因此苗木规格不一定太大。其整形期间的主要任务是养好根系，并培养一至数条健壮的主蔓，方法是重截或近地面处回缩。

四、垂枝类大苗的培育

此类苗木为特殊造型树，在苗圃中通过嫁接进行繁殖。如垂枝榆、垂枝梅、垂枝桃、龙爪槐等，其枝条向下生长容易变弱，因此培养树冠主要是进行冬季修剪，即连续 2~3 年冬剪进行重短截，剪口的位置一般与接穗的接口在同一水平面上，剪口留向上芽。

第五部分　花卉学知识

第一章　花卉的含义与分类

第一节　花卉的含义和范围

一、花卉的含义

狭义的花卉仅指具有观赏价值的草本植物,如菊花、芍药、水仙、兰花、百合等。

广义的花卉除指有观赏价值的草本植物外,还包括草本或木本的地被植物、花灌木、开花乔木以及盆景等,如麦冬类、景天类等地被植物,梅花、桃花、月季、木兰等乔木以及花灌木类等。

二、花卉的栽培方式

因目的和性质不同,栽培可分为生产栽培与观赏栽培两类,其中又分多种专业栽培。

(1)生产栽培:以生产切花、盆花、提炼香精的香花、种苗及种球等为主的生产企业。

(2)观赏栽培:以观赏为目的,而非生产性的企业。

(3)标本栽培:以普及国内外花卉的种类、生态、分类和利用等科学知识为目的。如植物园的标本区、标本植物温室等。

第二节　花卉的分类

花卉的种类极多,范围广,栽培应用方式多种多样。因此,花卉分类由于依据不同,有多种分类法。这里重点讲述依花卉原产地气候类型的分类、依生态习性的分类以及依栽培方式的分类。

一、依花卉原产地气候类型的分类

1. 中国气候型

气候特点:冬寒夏热,年温差大;夏季降雨较多。地理范围:包括中国大部分省份,还有日本、北美洲东部、巴西南部、大洋洲东部、非洲东南部。因冬季气温高低不同,中国气候型又可分为温暖型及冷凉型。

1)温暖型(低纬度地区)

地理范围:包括中国长江以南、日本西南部、北美东南部、巴西南部、南非东南部、大洋洲东部。该区是喜欢温暖的球根花卉和不耐寒的宿根花卉的分布中心。原产的重要花卉有:石竹、报春花、石蒜类、百合类、山茶、杜鹃花、梅、蔷薇类、叶子花、美女樱、矮牵牛、半支莲、非洲菊、松叶菊、唐菖蒲、马蹄莲等。

2）冷凉型（高纬度地区）

地理范围：包括中国北部、日本东北部、北美洲东部。该区为耐寒宿根花卉的分布中心。原产的重要花卉有翠菊、荷包牡丹、芍药、牡丹、菊花、迎春、蜡梅、木兰、紫荆、海棠类、桃花、丁香属等。

2. 欧洲气候型

气候特点：年温差小，降雨量偏低，冬少严寒，夏季尤为凉爽。地理范围：包括欧洲大部分地区、北美洲西海岸中部、南美洲西南角、新西兰南部。该区是一些喜凉爽二年生花卉和部分宿根花卉的分布中心。原产该区的花卉最忌夏季高温多湿，故在中国东南沿海栽培有困难，而适宜在华北和东北地区栽培。原产的重要花卉有三色堇、羽衣甘蓝、洋地黄、雏菊、丝石竹、飞燕草、耧斗菜、喇叭水仙、铃兰等。

3. 地中海气候型

气候特点：冬季温暖，最低气温 6~7 ℃，夏季温度 20~25 ℃．从秋季到次年春末为降雨期，夏季为干燥期。地理范围：包括地中海沿岸、南美洲智利中部、北美西南部、南非及澳大利亚西南部。该区是世界上多种秋植球根花卉的分布中心。原产的一二年花卉耐寒性较差。原产的重要花卉有金盏菊、香豌豆、金鱼草、瓜叶菊、蒲包花、紫罗兰、石竹、鸢尾、君子兰、鹤望兰、郁金香、风信子、水仙类、番红花、仙客来、花毛茛、葡萄风信子、秋水仙、小苍兰、网球花等。

4. 墨西哥气候型（热带高原气候型）

气候特点：年温差小，周年气温在 14~17 ℃。降雨量因地区不同而异，有周年雨量充足的，也有集中在夏季的。地理范围：包括墨西哥高原、南美安第斯山脉、非洲中部高山地区、中国西南部山岳地带。该区是一些春植球根花卉的分布中心。原产该区的花卉，一般喜欢夏季冷凉、冬季温暖的气候，在中国东南沿海栽培困难，夏季在西北生长较好。原产的重要花卉有百日草、万寿菊、波斯菊、大丽花、晚香玉、虎皮花、一品红、报春花类、云南山茶、常绿杜鹃花类、月季花等。

5. 热带气候型

气候特点：周年高温，温差小，有的地方年温差不到 1 ℃。雨量大，但分布不均，有雨季和旱季之分。它又可分为两个地区，即亚洲、非洲、大洋洲热带及中美洲和南美洲热带。原产热带的花卉，在温带需在温室内栽培，一年生草花可在露地无霜期内栽培。

（1）亚洲、非洲、大洋洲热带原产花卉有鸡冠花、虎尾兰、膜叶秋海棠、彩叶草、变叶木、非洲紫罗兰、凤仙花等。

（2）中美洲和南美洲热带原产花卉有紫茉莉、花烛、长春花、大岩桐、圆叶椒草、美人蕉、竹芋、大花牵牛花、四季秋海棠、朱顶红、卡特兰等。

6. 沙漠气候型

气候特点：周年降雨量少，气候干旱，多为不毛之地。夏季白天长，风大，植物常成垫状。地理范围：包括撒哈拉沙漠的东南部、阿拉伯半岛、伊朗、黑海东北部、非洲、大洋洲中部的维多利亚大沙漠、马达加斯加岛、南北美洲、墨西哥西北部、秘鲁与阿根廷部分地区、中国海南岛西南部。该区是仙人掌和多浆植物的分布中心。仙人掌类植物主要分布在墨西哥东部及南美洲东海岸。多浆植物主要分布在南非。原产的重要花卉有芦荟、松叶菊、十二卷、龙舌兰、伽蓝菜、霸王鞭、仙人掌等。

7. 寒带气候型

气候特点：冬季漫长而严寒，夏季短促而凉爽；年降雨量很少，但在生长季有足够的湿气。地理范围：包括阿拉斯加、西伯利亚、斯堪的纳维亚等寒带地区。主要有各地自生的高山植物。原产的重要花卉有绿绒蒿、龙胆、雪莲花、细叶百合等。

二、依生态习性的分类

这种分类方法是依据花卉植物的生活型与生态习性进行的分类，应用最为广泛。

1. 一二年生花卉

在一个或两个生长季完成生活史的花卉。

类别	生长季	播种期	开花期	耐寒性	光周期	举　例
一年生	1个	春	夏、秋	弱	短日照	凤仙花、百日草、半枝莲
二年生	2个	秋	冬、春	强	长日照	三色堇、雏菊、石竹

2. 宿根花卉（多年生花卉）

宿根花卉是多年生花卉中地下根系正常的一类。个体寿命超过两年，可以多次开花结实。它包括落叶与常绿二类。如菊花、非洲菊、大花萱草、鸢尾、玉簪、芍药等

3. 球根花卉

球根花卉是多年生花卉中地下器官（茎或根）变态肥大的一类。如鳞茎花卉包括水仙、石蒜、郁金香、风信子等；球茎花卉包括唐菖蒲、小苍兰等；块茎花卉包括马蹄莲、晚香玉等；根茎花卉包括美人蕉、荷花等；块根花卉包括大丽花等。

4. 多浆植物

多浆植物是指茎叶具有发达的贮水组织，呈肥厚多汁变态状的植物。如仙人掌、令箭荷花、金琥、蟹爪兰、芦荟、八宝景天、石莲花、燕子掌等。

5. 室内观叶植物

室内观叶植物是以叶为主要观赏对象、多采用盆栽、供室内装饰用的植物。如朱蕉、广东万年青、发财树、红掌、变叶木、绿萝、苏铁、鹅掌柴等。

6. 兰科花卉

兰科花卉是指在系统分类中隶属于兰科的花卉。依生态不同有地生兰和附生兰两类。如春兰、建兰、墨兰、大花蕙兰等为地生兰，卡特兰、蝴蝶兰、石斛兰、文心兰等为附生兰。

7. 水生花卉

水生花卉是指在水中或沼泽地生长的花卉，可用于室内和室外园林绿化美化。它包括以下四类。

（1）挺水类：如荷花、千屈菜、菖蒲、黄花鸢尾、慈姑、梭鱼草、再力花等。

(2)浮水类:如睡莲、王莲、萍蓬草、荇菜、菱、芡实等。

(3)漂浮类:如凤眼莲、大漂、槐叶萍、水鳖、水罂粟等。

(4)沉水类:如金鱼藻、水柳、皇冠草、黑藻、狐尾藻、苦草、菹草等。

8. 岩生花卉

岩生花卉外形低矮,常成垫状,生长缓慢,耐旱耐瘠薄,抗逆性强,适于装饰岩石园。代表植物有垂盆草、虎耳草、丛生福禄考、费菜、卷柏等。

9. 木本花卉

具有木质茎的花卉叫作木本花卉。木本花卉主要包括乔木、灌木、藤本三种类型。代表植物有桂花、白兰、柑橘、紫薇等。室内木本花卉如杜鹃花、山茶花、龙船花、一品红、栀子花、天竺葵等。

三、依栽培方式的分类

1. 露地花卉

它是指在当地自然条件下不加保护设施能完成全部生长发育过程的花卉。

2. 温室花卉

它是指在当地需要在温室中栽培,需要被保护方能完成生长发育过程的花卉。

第二章　花卉的生长发育

第一节　花卉的生长发育过程及其规律

一、花卉的生长发育过程

1. 花卉个体的生长发育过程

(1)种子时期:胚胎发育期—种子休眠期—发芽期。

(2)营养生长时期:幼苗期—营养生长旺盛期—营养生长休眠期。

(3)生殖生长时期:花芽分化期—开花期—结果期。

2. 不同种类花卉的生长发育特点

(1)一年生花卉:生长不久后进入花芽分化。

(2)二年生花卉:低温春化后完成花芽分化。

(3)球根花卉:春植球根花卉春植秋花,夏季生长期完成花芽分化;秋植球根花卉秋植春花,夏季休眠期完成花芽分化。

(4)宿根花卉:落叶类宿根花卉春夏生长,冬季休眠;常绿类宿根花卉耐寒性较弱,无明显休眠期。

(5)其他花卉:因种而异。

二、花卉生长发育的规律性

1. 花卉的生命周期与年周期

每种花卉都有它的生长、开花、结果、衰老、死亡的过程,这种过程叫生命周期。花卉每年都有与外界环境条件相适应的形态和生理机能的变化,并呈现一定的生长发育规律性,叫花卉的年生长周期。花卉在年周期中表现最明显的有两个阶段,即生长期和休眠期的规律性变化。

一年生花卉:仅有生长期,春天萌芽后,当年开花结实而后死亡,并且年周期就是生命周期。

二年生花卉:秋播后,以幼苗越冬休眠或半休眠。

多年生花卉:多数宿根花卉和球根花卉则在开花结实后,地上部分枯死,地下贮藏器官形成后进入休眠(越冬或越夏)。

许多常绿性多年生花卉,在适当的环境条件下,几乎周年常绿而无休眠期,如万年青、麦冬等。

2. 发育阶段的顺序性与局限性

(1)顺序性:前一阶段完成之后,后一阶段才能出现,不能超越,也不能倒转。

(2)局限性:春化阶段的通过局限在植株的生长点上,不同的生长部位可以处于不同的阶段。

第二节 花芽分化

一、花芽分化的类型

1. 夏秋分化类型

花芽分化一年一次，于6—9月高温季节进行，第二年早春或春天开花。其性细胞的形成必须经过低温。该类型的花卉主要包括：木本花卉（春季开花），如牡丹、丁香、梅花、榆叶梅等；球根花卉，如秋植球根花卉，入夏后，地上部分全部枯死，进入休眠状态，但花芽分化在此时进行；春植球根花卉，在夏季生长期进行花芽分化。

2. 冬春分化型

某些原产温暖地区的木本花卉及一些园林树种多属此类型。如柑橘类12－3月完成花芽分化。一些二年生花卉仅在早春温度较低时进行花芽分化。春季开花的宿根花卉仅在春季温度较低时进行花芽分化。

3. 当年一次分化，一次开花型

在当年产生的枝条上，仅分化一次花芽。如：一些当年夏秋开花的花木类，在当年枝的新梢上或花茎顶端形成花芽，如紫薇、木槿、木芙蓉等花木类，以及夏秋开花的宿根花卉，如萱草、菊花等。

4. 多次分化型

一年中多次发枝，每次枝顶均能形成花芽并开花。如：茉莉、月季、倒挂金钟、香石竹等四季开花的花木。一些宿根花卉在一年中也可多次分化花芽，如石竹。一年生花卉的花芽分化时期较长，只要在营养生长达到一定大小时，即可分化花芽而开花。如太阳花。

5. 不定期分化型

每年只分化一次花芽，但无一定时期，只要达到一定的叶面积就能开花，主要视植物体自身养分的积累程度而异。如凤梨科和芭蕉科的某些种类以及万寿菊、叶子花等。

二、影响花芽分化的因素

1. 光照

光周期现象即植物生长发育对光周期长短（昼夜交替）的反应。它影响植物的成花。各种植物成花对日照长短要求不一，根据这种特性把植物分成长日照植物、短日照植物以及中性植物。

1）长日照植物

这类植物要求较长时间的光照才能成花。一般要求每天有14~16 h的日照，否则在较短的日照下，便不能开花或延迟开花。二年生花卉需要长日照，在春天长日照下迅速开花。如瓜叶菊、紫罗兰。早春开花的多年生花卉，如福禄考，也属此类。

2）短日照植物

这类植物要求较短的光照就能成花。在每天日照为8~12 h的短日照条件下能促进开花，而在较长的光照下便不能开花或延迟开花。一年生花卉，春天播种发芽后，在长日照下生长茎、叶，在秋天短日照下开花。秋冬开花的多年生花卉，多是短日照植物，如菊花、蟹爪兰在短日照下才能开花。

3）中日照植物

这类植物在较长或较短的光照下都能开花，在 10~16 h 光照下均可开花，如大丽花、石竹、扶桑、非洲紫罗兰、非洲菊等。

2. 温度

春化作用：有些植物在个体发育过程中必须通过一个低温周期，才能继续下一阶段的发育，即引起花芽分化，否则不能开花。这个低温周期叫春化作用，也叫感温性。不同植物所要求的低温值和通过的低温时间各不相同。依据要求低温值的不同，可将花卉分为以下三种类型。

1）冬性植物

通过春化阶段时要求低温为 0~10 ℃，在 30~70 d 的时间内完成春化阶段。春化阶段在近于 0 ℃的温度下进行得最快。二年生花卉，如月见草、洋地黄、毛蕊花等为冬性植物，以幼苗状态度过严寒的冬季。若在春节气温已暖时播种，便不能正常开花。多年生花卉，在早春开花的种类，通过春化阶段也要求低温，如芍药、鸢尾。

2）春性植物

这一类植物在通过春化阶段时，要求的低温值（5~12 ℃）比冬性植物高，完成春化作用所需要的时间较短，为 5~15 d。一年生花卉为春性植物；秋季开花的多年生草花，通过春化阶段时也要求较高温度。

3）半冬性植物

在通过春化阶段时，对于温度的要求不敏感，这类植物在 15 ℃的温度下也能完成春化作用，但最低温度不能低于 3 ℃，通过春化的时间是 15~20 d，如紫罗兰类。

三、控制花芽分化的技术措施

1. 促进花芽分化的技术措施

促进花芽分化的技术措施如下。

（1）控制肥水：减少氮肥，减少供水。

（2）合理修剪：弯枝、扭梢、环剥等，修剪时多轻剪。

（3）喷施生长促进剂：如 GA3。

2. 抑制花芽分化的技术措施

抑制花芽分化的技术措施如下。

（1）肥水管理：多施氮肥，多灌水。

（2）修剪：摘心，适当重剪，多短截。

（3）喷施生长抑制剂。

第三章 花卉与环境因子

第一节 花卉与温度

一、花卉对温度的要求

温度“三基点”即温度的最低点、最适点和最高点。

不同花卉原产地的气候条件不同，生长发育对温度的要求不同。原产热带的花卉，生长的基点温度较高，一般在 18 ℃开始生长。如：王莲的种子，需在 30~35 ℃的水温下才能发芽生长。原产亚热带的花卉，生长的基点温度居中，一般在 15~16 ℃开始生长。原产温带的花卉，生长基点温度较低，一般 10 ℃开始生长。芍药在北京冬季 -10 ℃，地下部分可以越冬，次春 10 ℃萌发。

依据耐寒力的大小，可将花卉分成以下三类。

（1）耐寒性花卉：原产于温带及寒带，在我国寒冷地区能露地越冬，能耐 0 ℃以下低温。如二年生的草花，包括三色堇、诸葛菜、金鱼草等；多数宿根花卉，包括蜀葵、玉簪、金光菊等。

（2）半耐寒性花卉：在北方需加防寒才可越冬。如金盏菊、紫罗兰、桂竹香等。

（3）不耐寒性花卉：不能忍受 0 ℃以下的温度，否则停止生长或死亡。春天生长、开花，秋季死亡。如一年生花卉及不耐寒的多年生花卉。多原产于热带和亚热带。

温室花卉依原产地的不同，可分为以下三类。

（1）低温温室花卉：大部分种类原产温带南部，为半耐寒花卉。生长期温度在 5~8 ℃（夜间温度应在 3~5 ℃），如报春花类、小苍兰类、紫罗兰、山茶花、瓜叶菊、倒挂金钟类等。这些花卉可在冷室或冷床（阳畦）中越冬。相反，如冬季温度过高，则生长不良。

（2）中温温室花卉：该类花卉大部分种类原产于亚热带及对温度要求不高的热带。生长期温度为 8~15 ℃（夜间最低温度约 8~10 ℃）。如仙客来、香石竹、天竺葵等。

（3）高温温室花卉：原产热带、生长期间温度在 15 ℃以上，也可高达 30 ℃左右，最低温度达 10 ℃，则生长不良，如变叶木、筒凤梨、一品红，冬季最低温度为 15 ℃。

花卉不同生长发育时期对温度的要求不同，具体如下。

（1）一年生花卉：种子萌发可在较高温度中进行（20~25 ℃），幼苗生长期要求温度较低，开花结实阶段对温度要求逐渐增高。

（2）二年生花卉：种子的萌发在较低温度中进行（15~20 ℃），幼苗生长期要求温度更低（1~5℃），否则不能顺利通过春化阶段，而开花、结实时，要求温度稍高于营养生长期的温度。

二、温度对花卉生长发育的影响

1. 温周期的作用

温周期：温度的季节变化和昼夜变化。

温周期现象：植物对温度交替（周期性）变化的反应。昼夜温差较大，积累的有机物质多，对花卉的生长发育更有利。热带植物需要昼夜温差为 3~6 ℃。温带植物需要昼夜温差为 5~7 ℃。沙漠地区原产的植物，如仙人掌类，需要昼夜温差为 10 ℃以上。当然昼夜温差也有一定的范围，并非温差愈大愈好，否则对生长也不利。

2. 温度与花芽分化

1）在高温下进行花芽分化

有些花卉在 6—8 月气温高至 25 ℃以上时进行分化，如杜鹃、山茶、鸡冠花、唐菖蒲等。

2）在低温下进行花芽分化

许多原产温带中北部以及各地的高山花卉，其花芽分化多要求在 20 ℃以下较凉爽的气候条件下进行，如八仙花、石斛属的某些种类在低温 13 ℃左右和短日照下促进花芽分化；许多秋播草花，如金盏菊、雏菊等要求在低温下进行花芽分化。

3. 低温对花卉的影响

花卉不同发育时期的抗寒性：休眠的种子可以忍耐零下极低的温度；生长中的植物体耐寒力很差，但经过秋季和初冬冷凉气候的锻炼，可以锻炼植物忍受较低温度的能力。

增强耐寒力的措施如下。

（1）炼苗：盆花或花苗，在移植露地前加强通风、逐渐降温。

（2）早播：在早春寒冷时播种。

（3）施磷钾肥：增加磷钾肥，减少氮肥的施用。

（4）地面覆盖：秸秆、落叶、马粪、塑料薄膜、设置风障等。

（5）低温的作用：低温是很多种子打破休眠期的关键，经过低温处理后，发芽率可提高。

4. 高温对花卉的影响

危害：高温使生长速度下降，严重时引起植物体失水，产生原生质脱水、蛋白质凝固，进而导致植株死亡。

耐热性：一般花卉在 35~40 ℃下生长缓慢，50 ℃以上时除热带干旱地区的多浆植物外，绝大多数花卉种类植株死亡。

降温措施：①保持土壤湿润，促进蒸腾作用，使植物体降温；②叶面喷水，可降温 6~7 ℃；③灌溉、松土、地面铺草、设置荫棚等。

第二节　花卉与光照

一、光照强度与花卉

1. 光照强度的变化

光照强度随纬度的增加而减弱，随海拔的升高而增强。一年中，夏季光照最强，冬季光照最弱。一天中，中午光照最强，早晚光照最弱。

2. 光照强度对花卉的影响

1）影响光合作用

光照引起植株形态解剖上的变化，如叶片的大小、厚薄，茎的粗细，节间的长短，叶肉结构和花色淡浓。光照过强（夏季的光照一半就够了），会使植物同化作用减缓；光照不足（如冬季温室内)，会使同化作用和蒸腾作用减弱，植株徒长，节间伸长，花色及花的香气不足，分蘖力减弱，易感染病虫害。一般植物的最适需光量为全日照的50%~70%，多数植物在50%以下的光照情况下生长不良。

2)影响花卉的开花期

半支莲、酢浆草必须在强光下开花。紫茉莉、晚香玉在傍晚时开花。昙花在夜间开花。牵牛在每日的早晨开花。多数花卉晨开夜闭。

3)影响花色

光照强度影响花青素的形成，影响糖的积累，影响花色发育。

3. 不同花卉种类对光照强度的要求

1)阳性花卉

阳性花卉要求在全光照下生长，不能忍受蔽荫。如：多数露地一、二年生花卉及宿根花卉、仙人掌科、景天科和番杏科等多浆植物。

2)阴性花卉

阴性花卉在适度荫蔽条件下生长良好，生长期间要求有50%~80%蔽荫度的环境条件。如：蕨类植物、兰科植物、苦苣苔科、凤梨科、姜科、天南星科、秋海棠科等许多观叶植物。

3)中性花卉

中性花卉对光照强度的要求介于上述二者之间，一般喜欢阳光充足，但在微荫下也能生长良好，如：耧斗菜、萱草、桔梗、白及等。

二、光照长度与花卉

光照长度对花卉的影响如下。

1. 影响花卉种类的分布

热带和亚热带地区，全年日照长度均等，植物属于短日照植物；温带地区的植物，属于长日照植物。

2. 影响休眠

一般短日照促进休眠，长日照促进生长。

3. 影响营养繁殖

有的种类在长日照下才能进行营养繁殖，如虎耳草的匍匐茎的发育，落地生根叶缘上的幼小植物体，禾本科植物的分蘖。

4. 影响块根和块茎的形成

短日照促进某些植物块根和块茎的形成和生长。如菊芋、大丽花、秋海棠。

5. 影响花卉开花

(1)长日照植物：日照时长 >12 h(14~16 h)。自然花期为春末和夏季的花卉：唐菖蒲、瓜叶菊、八仙花、令箭荷花等。

(2)短日照植物：日照时长 <12 h(8~10 h)。秋冬季开花的花卉：秋菊、一品红、蟹爪兰等。

(3)中性植物：温度适宜。四季开花的花卉：月季、矮牵牛、非洲菊、香石竹、仙客来等。

第三节　花卉与水分

一、花卉对水分的要求

1. 旱生花卉

旱生花卉如多数原产炎热而干旱区的仙人掌、景天科等,其特点为:①叶片变小或退化成刺毛状或肉质化;②表皮角质层加厚;③气孔下陷;④叶表面具厚茸毛。栽培管理中,应遵循宁干勿湿的浇水原则。

2. 中生花卉

中生花卉如大多数的露地花卉。其对水分的要求和形态特征介于旱生花卉与湿生花卉之间。它根系强大,抗旱力强,如宿根花卉。一二年生花卉与球根花卉根系浅,耐旱力弱。在管理中,应掌握见干见湿的浇水原则。

3. 湿生花卉

湿生花卉多为原产热带沼泽地、阴湿森林中的植物,如海芋、龟背竹、合果芋、水仙、燕子花、马蹄莲、花菖蒲等。其特点为:喜生长于空气湿度较大的环境中。在栽培管理中应掌握宁湿勿干的浇水原则。

4. 水生花卉

生长在水中的花卉称为水生花卉,如荷花、睡莲、萍蓬莲等。其特点为:根或茎一般都具有较发达的通气组织。

二、水分对花卉生长发育的影响

1. 不同生育期对水分的要求

1)种子萌发

同种花卉种子发芽时,需要较多的水分以便透入种皮,有利于胚根的抽出。

2)幼苗期

幼苗因根系弱小,在土壤中分布较浅,抗旱力极弱,必须经常保持湿润。

3)营养生长期

营养生长期花卉抗旱力增强,但要有充足的水分,才能旺盛生长,防止徒长。

4)开花结果期

该时期的花卉要求空气湿度小,利于传粉。

5)种子成熟期

该时期的花卉更要求空气干燥。

2. 一些植物对湿度要求严格

(1)湿生植物,如旱伞草、马蹄莲、龟背竹。

(2)附生植物,如热带兰、观赏凤梨、巢蕨、鹿角蕨。

(3)苦苣苔科植物,如喜荫花、绒桐草、口红花。

(4)食虫植物,如猪笼草。

(5)苔藓植物等,这些植物的成活关键是保持一定的空气湿度。

3. 水分对花卉花芽分化及花色的影响

控制水分有利于花卉的花芽分化。如梅花的“扣水”就是减少水分的供应，使新梢顶端自然干枯，叶面卷曲，停止生长，转向花芽分化。球根花卉中，含水量少的，花芽分化早，含水量多的或早掘的球根，花芽分化延迟。如球根鸢尾、水仙、风信子、百合等用30~35 ℃的高温处理，使其脱水而达到提早花芽分化和促进花芽伸长的目的。适度的控水，使花色变浓，色素形成较多，如蔷薇、菊花。

4. 干旱对花卉的影响

1）干旱使植株萎蔫

叶片及叶柄皱缩下垂，特别是一些叶片较薄的花卉更易显露出来。暂时的萎蔫如在中午可以恢复，长久萎蔫老叶和下部叶子脱落死亡。

2）干旱使草花木质化

多数草花在干旱时，植株各部分由于木质化的增加，使植株表面粗糙而失去叶子的鲜绿色泽。

5. 水分过多对花卉的影响

（1）根系损伤。根系缺氧，损伤，根系不能正常吸水，植株呈现的情况极似干旱。

（2）植株徒长和易发病。

（3）水分过多还常使叶色发黄，植株徒长，易倒伏，易受病菌侵害。

第四节　花卉与土壤

一、土壤形状与花卉的关系

1. 土壤质地

1）沙土类

沙土类通透性强、排水良好，但保水性差，土壤温度变化大，昼夜温差大，有机质含量少，肥力强但肥效短，常用作培养土的配制成分和改良黏土的成分，用于扦插、栽培幼苗和耐旱的花卉。

2）黏土类

土壤间隙小，通透性差，排水不良但保水性强，含矿质元素和有机质较多，保肥性强且肥力也长，土壤温差小，早春土温上升慢对幼苗生长不利，对大多数花卉的生长均不利。

3）壤土类

性状介于上述二者之间，通透性好，保水保肥力强，有机质含量多，土温比较稳定，对花卉生长比较有利，适应大多数花卉种类的要求。

2. 土壤有机质

土壤有机质是土壤养分的主要来源。有机质含量高的土壤，对花卉的生长有利。

3. 土壤通气性、稳定性及含水量

这些因素直接影响花卉的生长和发育，如根系的吸收、生理生化活动的进行以及土壤中一些物质的转化，等等。

4. 土壤酸碱度

它影响微生物的活动，从而影响营养物质的分解。碱性土和酸性土对花卉的生长都不利，甚至会造成植株死亡。大多数露地花卉要求中性土壤，少数花卉可以适应强酸性土壤。温室花卉几乎全部种类都要求酸性或弱酸性土壤。

二、各类花卉对土壤的要求

1. 露地花卉

除沙土和重黏土外的其他土壤均可适应多数花卉种类要求。

（1）一、二年生花卉在排水良好的沙质壤土、壤土和黏质壤土均可生长良好，在重黏土和沙土生长不良。适宜土壤是表土深厚、地下水位较高、干湿适中、富含有机质的土壤。夏季开花的种类最忌干燥的土壤，秋播花卉如金盏菊、矢车菊等，以表土深厚的黏质壤土为宜。

（2）宿根花卉较一、二年生花卉根系强大，入土较深，达 40~50 cm，栽植时应施入大量有机质肥料，一次栽植后可多年开花。宿根花卉在幼苗期间喜腐殖质丰富的轻松土壤，而在第二年以后以黏质壤土为佳。

（3）球根花卉对土壤的要求更为严格，一般以富含腐殖质而排水良好的沙质壤土或壤土为宜。最好的土壤是下层为排水良好的砂砾土，而表土为深厚的沙质壤土，但水仙、晚香玉、风信子、百合、石蒜和郁金香等，以黏质壤土为适宜。

2. 温室花卉

温室花卉必须用特制的培养土。

特制的培养土特点为富含腐殖质，土壤松软，通气性好，能长久保持土壤的湿润状态，不易干燥。

（1）温室一、二年生花卉如瓜叶菊、蒲包花、报春花等在幼苗期适宜的土壤为腐叶土 5 份，园土 3.5 份，河沙 1.5 份，在定植时适宜的土壤为腐叶土 2~3 份，园土为 5~6 份，河沙 1~2 份。

（2）宿根类花卉对腐叶土的需要量较少，适宜的土壤为腐叶土 3~4 份，园土 5~6 份，河沙 1~2 份。

（3）温室球根花卉如大岩桐、仙客来和球根秋海棠等，适宜的土壤为腐叶土 3~4 份。实生苗要用更多的腐叶土，通常为 5 成左右。

（4）温室木本花卉：播种苗和扦插苗培养期间，要求较多的腐殖质，栽植成长后，腐叶土的量应较少，河沙应有 1~2 成。

另外，花卉栽培的其他常见基质有蛭石、珍珠岩、苔藓、泥炭、木屑、树皮、椰糠，等等。

第五节　花卉与营养

一、花卉对营养元素的要求

主要元素对花卉生长的作用如下。

（1）氮能够促进植物的营养生长，增进叶绿素的产生，使花朵增大、种子丰富。氮肥过多使开花延迟、茎徒长，并减少对病害的抵抗力。一年生花卉在幼苗期需氮量较少，以后逐渐增多。二年生花卉和宿根花卉在春季生长初期即要求大量的氮肥。观叶花卉在整个生长期中都需要较多的氮肥,保持美观的叶子。观花花卉在营养生长期需要较多的氮肥,进入生殖阶段后,应控制施用。

(2)磷能够促进种子发芽,提早开花结实,使茎发育坚韧,不易倒伏;能增强根系的发育;能增强植株对不良环境和病虫害的抵抗力。花卉在幼苗营养生长阶段需要适量的磷肥,开花期以后,磷肥需要量更多。

(3)钾能使花卉生长健壮,促进茎的坚韧性,使茎不易倒伏;促进叶绿素的形成和光合作用;能促进根系的扩大,对球根花卉如大丽花的发育有极好的作用;能使花色鲜艳,提高花卉的抗旱、抗寒及抵抗病虫害的能力。过量的钾肥使植株生长低矮,节间缩短,叶子变黄,褪色而皱缩,还可使植株在短时间内枯萎。

(4)钙能够促进根的发育,降低土壤酸度,改变土壤的物理性质,使黏质土壤变得疏松,使沙质土壤变得紧密;使植物组织坚固。

(5)硫能够促进根系的生长,与叶绿素的形成有关,促进土壤中微生物的活动。

(6)铁能够对叶绿素的形成有重要作用。缺铁则叶绿素不能形成。在石灰质土或碱土中,铁转变为不可给态,常使植株不能吸收而缺铁。

(7)镁参与叶绿素的形成,对磷的可利用性有很大的影响。

(8)硼能够改善氧的供应,促进根系的发育和豆科根瘤的形成;有促进开花结实的作用。

(9)锰对叶绿素的形成和糖类的积累转运有重要的作用,对种子发芽和幼苗的生长以及结实均有良好的影响。

二、花卉的营养缺乏症

在花卉的生长发育过程中,当缺少某种营养元素时,植株形态就会呈现出一定的症状,这称为花卉营养贫乏症。

(1)缺氮:植株生长缓慢,叶色发黄,严重时叶片脱落。

(2)缺磷:植株常呈不正常的暗绿色,有时出现灰斑或紫斑,延迟成熟。

(3)缺钾:双子叶植物叶片开始时有点缺绿,以后出现分散的深色坏死斑;单子叶植物,叶片顶端和边缘细胞先坏死,以后向中部扩展。

(4)缺钙:显著地抑制芽的发育,并引起根尖坏死,使植株矮小,有暗色皱叶。

(5)缺镁:先在老叶的叶脉间发生缺绿病,成浅斑,以后变白,最后成棕色,开花迟。

(6)缺铁:叶脉间产生明显的缺绿症状,严重时变为灼烧状,与缺镁相似,不同之处是通常在较嫩的叶片上发生。

(7)缺锰:叶脉间黄化,极细叶脉仍保持绿色,形成细网状,花小而且花色不良。

(8)缺硼:会造成花卉生理紊乱,表现出各种各样的症状,但大多为茎和根的顶端分生组织的死亡。

第四章　花卉的繁殖

第一节　有性繁殖

一、播种时期

露地一年生花卉：春播，春季晚霜过后播种。华东地区在 3 月中、下旬播种。

露地二年生花卉：秋播，温度过高花卉反而不易发芽。华东地区在 9 月底至 10 月初播种。

宿根花卉：耐寒性宿根花卉春播、秋播均可，如芍药；不耐寒常绿宿根花卉春播。

温室花卉：播种时期常随需要的花期而定，多数种类在 1—4 月播种，少数种类在 7—9 月播种。

二、播种方法

1. 露地花卉的播种繁殖

它分为苗床播种法和直播法两种方式。

1）苗床播种法

苗床播种法播种流程为：选种——种子消毒——浸种催芽——床土配制和消毒——育苗床准备——浇水——播种（苗床或室内浅盆）——盖土——覆盖——分苗——定植。

2）直播法

直播法适于某些不宜移植的直根性花卉，如虞美人，也可用纸盆或营养钵育苗。

（1）播种床的选择：土壤肥沃、轻松，阳光充足、空气流通、排水良好的地方。

（2）整地和施肥：翻耕 30 cm 深，细碎土块，施堆肥或厩肥和磷肥、氮肥等。整平、镇压，整平床面。

（3）覆土：大粒种子覆土深度为种粒的三倍；小粒种子以不见种子为度。

（4）覆草和喷水：均匀地覆盖一层稻草，后用细孔喷壶充分喷水。

2. 温室花卉播种繁殖

盆和用土：常用 10 cm 的浅盆、穴盘，以富含腐殖质的沙质土为宜。

播种前准备：盖排水孔——填 1/3 粗沙砾——填 1/3 粗粒培养土——填播种用土——压实——“盆浸法”浇水——播种。

3. 播种方法

（1）撒播法：适于细小种子，用细筛筛过的土覆盖，厚度为种子大小的 2~3 倍。

（2）点播和条播法：用于中、大粒种子。

（3）双盆法：适于蕨类植物的孢子繁殖。把孢子播种在小瓦盆中，再把小盆置于大盆内的湿润水苔中。

4. 播种后的管理

播种后应注意维持盆土的湿润，保持空气流通，干燥时仍然用盆浸法给水。幼苗出土后除去覆盖物，逐渐移入日光处，加强通风，防治病害，减少水量，降低温度。

5. 移栽

时期：1~2 对真叶长出后。

方法：手拿子叶或真叶，顶出或挖出幼苗；移栽基质的湿度适宜，勿窝根和遮荫过度。

有些花卉的种子生长期短，不耐移植（直根性），可不经移栽，直接播在其永久生长地。

第二节 无性繁殖

无性繁殖是指利用植物的营养器官，经有丝分裂过程繁殖新植株的方法。后代植株与母株具有相同的基因型；无性繁殖一般能保持母本性状。

无性繁殖的特点如下。

（1）遗传的一致性。

（2）有些栽培植物不能结实。

（3）能更快获得成熟植株。

（4）多样性差，适应能力差。

一、分株繁殖

分株繁殖就是将花卉的萌蘖枝、丛生枝、吸芽、匍匐枝等从母株上分割下来，另行栽植为独立新植株的方法，多用于丛生性强的花灌木和萌蘖力强的宿根花卉，是繁殖花木的一种简易方法。其成活率高，成苗快。牡丹、文竹、芍药、腊梅、君子兰、兰花、玉簪、鸢尾等常用此法繁殖。

方法：先将泥团从盆中抠出，摔掉泥土，细心观察，按照根的自然伸展间隔，顺势从缝隙中用手分开或用利刀切开，每株只能分 2~3 株，不宜过多，分开的根与枝的多少要相称得当，使整个植株保持平衡均匀。分开后加以修剪，并除去烂根，有条件的还宜在切口涂以木炭粉或硫黄粉消毒后，再行定植。

二、吸芽繁殖

吸芽是某些植物根际或地上茎叶腋间自然发生的短缩、肥厚呈莲座状的短枝。

吸芽的下部可自然生根，可自母株分离而另行栽植。如芦荟、景天等在根际处常着生吸芽。凤梨的地上茎叶腋间也产生吸芽。

三、珠芽与零余子

珠芽与零余子是某些植物具有的特殊形式的芽。

生于叶腋间，呈鳞茎状的芽叫珠芽。如观赏葱类、卷丹等。

生于叶腋间，呈块茎状的芽叫零余子。如薯蓣（山药）类、爱之蔓等。

珠芽和零余子脱离母株后自然落地即可生根。

四、走茎繁殖

走茎是自叶丛抽生出来的节间较长的茎。走茎的节上着生叶、花和不定根，也能产生幼小植株。分离走茎上的小植株另行栽植即可形成新株。如虎耳草、吊兰等。

五、根茎繁殖

根茎是一些多年生花卉的肥大呈粗而长的根状地下茎，并贮藏营养物质。在根茎节上常形成不定根，并发生侧芽而分枝，继而形成新的株丛。繁殖时可将根茎切断分栽，如美人蕉、姜花、荷花、虎尾兰、香蒲等。

六、球茎繁殖

地下茎一般呈球形，球顶部有较肥大的顶芽。花芽不能在球根内形成，须待新芽生长后才开始分化花芽。球茎可供繁殖用，或分切数块，每块具芽，可另行栽植。生产中通常将母株产生的新球和小球分离另行栽植。如朱顶红、唐菖蒲、慈菇、小苍兰。

七、鳞茎繁殖

地下部分茎短缩，形成鳞茎盘，肉质鳞片着生于茎盘上，鳞茎的下部有木质状的底部，新根由此发生。除百合外，一般花茎在鳞茎内形成，整个鳞茎呈球形，如水仙、风信子、郁金香、石蒜等。鳞茎顶芽常抽生真叶和花序，鳞片间可发生腋芽，每年可从腋芽中形成一个至数个鳞茎并从老鳞茎旁分离开。生产中可栽植子鳞茎进行繁殖。

八、块茎繁殖

块茎是多年生花卉的地下茎膨大成块状物，外形不规则，贮藏营养。根系自块茎底部发生，块茎顶端通常具有几个发芽点，表面有芽眼可生侧芽。如大岩桐、秋海棠、晚香玉、马铃薯等多用分切块茎繁殖。

九、块根繁殖

根部肥大，能贮藏大量养分，根上不能生芽，块根顶端有发芽点。繁殖时可按一个根带一个芽切割分根，如大丽花、甘薯等。

第五章　花卉的栽培管理

第一节　露地花卉的栽培管理

一、整地作畦

1. 整地深度

一、二年生花卉整地深度为 20~30 cm，宿根和球根花卉整地深度为 40~50 cm。

2. 整地方法

先翻起土壤，细碎土块，清除石块、瓦片、断茎和杂草，镇压，以防土壤过于松软，根系吸水困难。

3. 时间

秋季耕地，春季整地作畦。

4. 作畦

花卉栽培都用畦栽方式。

（1）高畦：用于南方，利于排水。

（2）低畦：用于北方，利于保水和灌溉。

畦面整平，微有坡度。畦面两侧有沟（或畦埂）。畦面宽 100 cm，定植 2~4 行。

二、繁殖

一、二年生花卉多用播种繁殖；宿根花卉多用分株、扦插、压条、嫁接繁殖；球根花卉采用分球繁殖。繁殖时期以春、秋两季为主。

三、间苗

1. 含义

间苗又称“疏苗”，将播种生长出的幼苗，予以疏拔，以防幼苗拥挤，扩大苗木间距。

2. 意义和作用

（1）使苗木间空气流通，日照充足，生长茁壮。

（2）减少病虫害。

（3）选优去劣。

（4）选留强健苗。

3. 时期

间苗在子叶发生后进行，分数次进行。最后一次间苗叫定苗。间苗在雨后或灌溉后进行。间苗后要灌水。

4. 应用范围

间苗常用于直播的一、二年生花卉，以及不适于移植而必须直播的花卉种类。

四、移植

大部分露地花卉是先在苗床育苗，经分苗和移植后，最后定植于花坛或花圃中。

1. 作用

(1)加大株间距,扩大幼苗的营养面积。

(2)切断主根,可促使侧根发生。

(3)抑制徒长。

(4)使幼苗生长。

2. 移栽时期

真叶生出4~5枚时进行。

3. 最佳时间

移植以幼苗水分蒸腾量极低时进行最为适宜。边移植、边浇水,一畦全部移植后再浇透水,可在降雨前移植。因移植时损伤根系,影响成活,应在无风的阴天进行,天气炎热时在午后或傍晚时进行。

4. 方法

移植有裸根移栽和带土移栽两种方法。

5. 步骤

1)起苗

起苗应在土壤湿润状态下进行。可先灌水,后起苗。

小苗和易成活的大苗:裸根移植。用手铲将苗带土掘起,然后将根群的土轻轻抖落,防止伤根,栽植。

一般大苗:带土移植。先用手铲将苗四周铲开,然后从侧下方将苗掘出,保持完整的土球。

难成活的苗:一般采用直播的方法。

2)栽植

沟植法:依一定的行距开沟栽植。

穴植法:依一定的株行距掘穴或打孔栽植。

注意:裸根栽植时,应将根系舒展于穴中,然后覆土、镇压。带土球栽植时,填土于土球四周并镇压,但不可镇压土球,以免将土球压碎。

五、灌溉

1. 灌溉方式

灌溉的方式有漫灌、沟灌、畦灌、浸灌、喷灌、滴灌、地下渗灌等。

2. 灌溉用水

灌溉用水宜为软水,避免硬水;最好是河水,其次是池塘水和湖水。井水和自来水最好贮存在池内备用。

3. 灌溉次数

苗木栽植后,需“灌三水”:移植后随即灌一次;过三天后,第二次灌水;再过5~6天,灌第三次水。以后进行正常灌溉。

4. 灌水时间

夏季在清晨和傍晚灌水；冬季在中午前后灌水。

六、施肥

1. 花卉的需肥特点

不同类别花卉对肥料的需求不同。一、二年生花卉对氮、钾要求较高，施肥以基肥为主，生长期视生长情况适量施肥。一年生花卉幼苗阶段氮肥需要量少。二年生花卉，春季需供应充足的氮肥，配施磷、钾肥。宿根花卉在开花后及时补充肥料，以速效肥为主，配施一定比例的长效肥。球根花卉对磷、钾肥较敏感，基肥比例可以减少，生长前期以氮肥为主，子球膨大时及时控制氮肥，增施磷、钾肥。

2. 施肥方法

1. 基肥

常用厩肥、堆肥、饼肥、粪干等有机肥料作基肥。

用法：厩肥和堆肥多在整地前翻入土中，粪干和豆饼在播种或移植前进行沟施或穴施。

特点：含氮、磷、钾的总量较多，肥效期长，缓效性肥。

施用量：一般花卉每 100 ㎡的地面上，施 110 kg 肥料。

2. 追肥

常用粪干、粪水和豆饼及化肥追肥。

用法：粪干、豆饼可沟施或穴施；粪水和化肥，常随水冲施；化肥也可按株点施，或按行条施，施后灌水。

特点：速效性肥，肥效短，可氮、磷、钾配合施用。一、二年生花卉在幼苗期施氮肥可多些，以后逐渐增施磷钾肥。

追肥时期和次数：一、二年生花卉幼苗期追肥；多年生花卉追肥 3~4 次，第一次在春季开始生长后；第二次在开花前；第三次在开花后；第四次在秋季叶枯后，配合基肥施用一些速效磷、钾肥。

七、中耕除草

中耕的作用：①疏松表土；②减少水分的蒸发；③增加土温；④增加通气和有益微生物的繁殖和活动；⑤促进土壤中养分的分解。

中耕方法：①幼苗宜浅，以后随苗株生长逐渐加深；②中耕时，株行中间深，近植株处浅；③中耕深度一般为 3~5 cm。

中耕时期：在幼苗期和移植后不久，土面极易干燥和生杂草，应及时中耕。

除草要点：在杂草发生之初进行，开花结实之前必须除净；多年生杂草必须将其地下部分全部掘出。

八、整形修剪

1. 整形形式

（1）单干式：只留主干，不留侧枝，使顶端开花 1 朵，仅用于大丽菊和标本菊的整形。将所有侧蕾全部摘除，使养分全部集中于顶蕾。

（2）多干式：留主枝数个，使开出较多的花。如大丽花留 2~4 个主枝，菊花留 3、5、9 枝。其余全部剥去。

（3）丛生式：生长期进行多次摘心，促使发生多数枝条，全株成低矮丛生状，开出多数花朵。如矮牵牛、一串红、波斯菊、金鱼草、美女樱、百日草等。

（4）悬崖式：特点是全株枝条向一方伸展下垂，多用于小菊类品种的整形。

（5）攀援式：多用于蔓性花卉，如牵牛、茑萝、月光花、旋复花等。使枝条攀附于一定形式的支架上，如圆锥形、圆柱形、棚架形和篱垣等。

（6）匍匐式：利用枝条自然匍匐地面的特性，使其覆盖地面。如旱金莲和多数地被植物。

2. 修剪技术

（1）摘心：摘除枝梢顶芽，可以促进分枝生长，增加枝条数目。幼苗期间早行摘心促其分枝，可使全株低矮，株丛紧凑，抑制枝条徒长，使枝梢充实。但花穗长而大的或自然分枝力强的种类不宜摘心。

（2）除芽：剥去过多的腋芽，限制枝数增加和过多花朵的发生。

（3）折梢和捻梢：折梢是将新梢折曲，但仍连而不断；捻梢是将枝梢捻转，抑制新梢的徒长，而促进花芽的形成。

（4）曲枝：将生长势强的枝条向侧方压曲，弱枝扶正，有抑强扶弱的效果。

（5）去蕾：除去侧蕾而留顶蕾，使顶蕾开花美大。如芍药、菊花、大丽花等。在球根生产中，常去除花蕾，使球根肥大。

（6）修枝：剪除枯枝和病虫害枝、位置不正而扰乱株形的枝、开花后的残枝等，其目的是改善通风透光条件，减少养分的消耗。

九、防寒与降温

防寒越冬措施：可采用覆盖、灌水、培土、浅耕和包扎等方法。

降温越夏措施：喷水法、遮阳网遮荫法、草帘覆盖法。

十、轮作

同一地面，轮流栽植不同种类的花卉，其循环期限包含二、三年以上。

轮作的目的是最大限度地利用地力和防除病虫害。

轮作的方法如下。

（1）浅根性与深根性花卉轮作：如前作是浅根性花卉，将表土附近的养分大部吸收，后作应种深根性的花卉。

（2）花卉与其他作物轮作，如秋播花卉和秋植球根花卉常与蔬菜、大豆和红薯等轮作，花卉在春季 4—5 月开花收获后，播种或移栽其他作物，至秋季再栽培秋播花卉或秋植球根花卉。

第二节　温室花卉的栽培管理

温室花卉栽培方式有地栽和盆栽两种。

温室地栽主要用于大面积的冬春季切花生产，如非洲菊、马蹄莲、香石竹、香豌豆等；节日花卉应用的促成栽培，如一串红、木筒蒿等；需要在温室地栽观赏的花卉，如棕榈类等。

温室盆栽主要用于一些露地花卉如紫罗兰、金盏菊、一串红等；温室花卉如杜鹃、蝴蝶兰、仙客来等；满足冬春缺花季节的切花需要的花卉如百合、康乃馨、非洲菊等；为供应节日布置的盆花如三色堇、六倍利、金鱼草等。这些花卉生产上以盆栽为主。

一、培养土的配制

1. 盆栽培养土要求

盆栽培养土应疏松，渗透性好，能保持水分和养分，土壤肥沃，酸碱度适宜，无有害微生物和其他有害物质的滋生和混入，含有丰富的有机质和腐殖质。

2. 常见的温室用土种类

常见的温室用土种类包括堆肥土、腐叶土、草皮土、针叶土、沼泽土、泥炭土、砂土等。

3. 培养土的配方

(1)播种和幼苗移植：用轻松的土壤，不加肥或只有微量的肥分。

(2)播种用培养土：腐叶土 5 份、园土 3 份、河沙 2 份；

(3)假植用土：腐叶土 4 份、园土 4 份、河沙 2 份。

(4)定植用土：腐叶土 4 份、园土 5 份、河沙 1 份。

(5)苗期用土：腐叶土 4 份、园土 4 份、河沙 2 份。

4. 培养土的酸碱度

几乎全部种类温室花卉都要求酸性或弱酸性土壤。在碱性土地区，一些严格要求酸性土的盆栽花卉，生长极度不良或逐渐死亡。如杜鹃、茉莉等。

二、盆栽的技术措施

1. 上盆

将幼苗第一次移植于花盆中的操作，称为上盆。步骤：选盆、垫瓦片、填土、植苗、再填土、镇压、浇水。注意事项：植苗时根系要展开；填土后使得盆土至盆缘保留 3~5 cm 的距离以便日后灌水施肥。

2. 换盆

将盆栽植物换到另一盆中去的操作称为换盆。

作用：换大盆可以扩大根系营养面积；换新土可以修整根系。

换盆频率：宿根花卉每年换 1 次，木本花卉每 2 年或 3 年换 1 次。

换盆时间：一般春季换盆。宿根和木本花卉在秋季生长将停止时或春季生长开始前换盆。

3. 转盆

转盆即定期转动花盆的方向。

作用：①防止植物偏冠，使其均匀生长；②防止根系自排水孔穿入土中。双屋面南北延长的温室中，盆花无偏向一方的缺点，不用转盆。

4. 倒盆

倒盆即定期颠换花盆的位置。

作用:①增大盆间距离,改善通风透光;②调节植物生长,保证花卉生长均匀一致。

通常倒盆与转盆结合起来进行。

5. 扦盆

扦盆即松盆土。

作用:①疏松板结盆土,使空气流通;②除去土面青苔、杂草;③利于浇水和施肥。

6. 浇水

花卉生长的好坏,在一定程度上决定于浇水的适宜与否。应科学地确定浇水次数、浇水时间和浇水量。浇水原则如下。

(1)盆土见干才浇水,浇就浇透。要避免造成“拦腰水”,导致下部根系缺乏水分。

(2)通过眼看、手摸、耳听准确掌握盆土干、湿度。

(3)注意水温,水温和土温不能相差太大。夏季早晚浇水,冬季中午浇水。

(4)喜荫花卉保持较高的空气湿度,经常向叶面喷水。

(5)注意夏季喷水降温。

(6)叶面有绒毛的花卉,不宜向叶面喷水。

(7)花木类在盛花期不宜多喷水。

7. 施肥

盆花施肥的原则是:薄肥勤施,看长势定用量。在上盆及换盆时,常施以基肥,生长期间施以追肥。

施肥的注意事项如下。

(1)根据花卉种类、观赏目的、不同的生长发育时期灵活掌握。

(2)多种肥料配合施用,避免发生缺素症。

(3)有机肥应充分腐熟。

(4)以少量多次为原则。

(5)基肥与培养土的比例不要超过1/4。

(6)无机肥料的酸碱度和EC值要适合花卉的要求。

三、盆花在温室中的排列

(1)依据温室中的光照:把喜光的花卉放到光线充足的温室前部和中部;把耐阴的和对光线要求不严格的花卉放在温室的后部。植株矮的放在前面,高的放在后面。

(2)依据温室中的温度:把喜温花卉放在近热源处和温室中部;把比较耐寒的强健花卉放在近门及近侧窗部位。

(3)依据植株的发育阶段:扦插、播种的应放在接近热源的地方;幼苗移到温度较低而光照充足的地方;休眠的植株放在条件较差处,密度可加大。

(4)从平面和立面排列考虑,充分利用空间。平面排列上,除走道、水池、热源外,其他面积为有效面积。如设移动式种植床,平时不留走道。做好一年中花卉生产的倒茬和轮作。立面利用上,较高的温室中,在走道上方悬挂下垂植物。

第六章　花卉的促成与抑制栽培

一、促成和抑制栽培的定义

促成与抑制栽培又叫催延花期、花期控制，是人为地利用各种栽培措施，使花卉在自然花期之外，按照人们的意志定时开放。

使开花期比自然花期提早的栽培称为促成栽培。

使开花期比自然花期延迟的栽培称为抑制栽培。

二、促成与抑制栽培的意义

目的在于根据市场或应用需求按时提供产品：①丰富不同季节花卉种类；②满足特殊节日及花展布置的用花要求；③创造百花齐放的景观；④花卉的四季均衡生产。

三、花卉促成和抑制栽培的途径

花卉促成和抑制栽培的途径包括温度处理、日照处理、药剂处理、栽培措施处理等。

四、促成和抑制栽培的方法

1. 处理材料的选择

（1）选择适宜的花卉种类和品种。如菊花早花品种，短日照处理50天开花，而晚花品种要处理70天才开花。

（2）球根成熟程度：球根成熟程度高的，促成栽培反应好，开花质量高。

（3）植株和球根大小：选择生长健壮、能够开花的植株或球根。要选用达到开花苗龄的植株处理；球根花卉要达到一定大小时才能开花，如郁金香鳞茎重量为12克以上，才能处理开花。

2. 处理设备要完善

如控温设备、日照处理的遮光和加光设备等。

3. 栽培条件和栽培技术

要有良好的栽培设备和熟练的栽培技术。

4. 温度处理

处理温度的高低，多依该品种的原产地或品种育成地的气候条件而不同。一般以20 ℃以上为高温；15~20 ℃为中温；10 ℃以下为低温。

休眠期温度处理举例如下。

6月份气温渐高，郁金香地上部分逐渐枯黄，当叶片有1/3以上变黄时，即为采收适期。采收后的鳞茎以缓慢自然干燥为宜，温度不可超过35 ℃，一般35 ℃下干燥3 d，30 ℃下干燥15 d。然后在20 ℃，相对湿度60%的条件下处理，促使花芽分化。20 ℃是郁金香花芽分化的适温，处理20~25 d，其后8 ℃处理50~60 d，促使花芽发育。再用10~15 ℃进行发根处理，见根抽出即可栽植。

亦可不经高温干燥处理，于空气流通处和20 ℃的温度条件下，使之边干燥边花芽分化，从外雄蕊形成期起，以8 ℃低温长时间处理，促进花芽发育，当根冠出现时，于15 ℃下促使发根，然后于 15~20 ℃温度条件下，60 d 即可开花。

5. 光照处理

1）长日照花卉

方法：在长日照下开花，在日照短的季节，用电灯补充光照即人工长日照处理即可。长日照处理对长日照植物能提早开花，对短日照植物则延迟开花。如：春天开花的花卉多为长日照植物，如紫罗兰、蒲包花、天竺葵、瓜叶菊、四季报春、金鱼草、三色堇等。秋天开花的多为短日照植物，如秋菊，进行长日照处理，可推迟开花。

2）短日照花卉

利用短日照进行促成栽培的花卉有：菊花、一品红、长寿花和三角花等。如菊花的遮光处理，在长日照时，遮光处理可提前花期。如夏季用秋菊处理，选择一定株高的植株（用作切花的株高 50 cm 以上），进行遮光处理，每日日照时长 9~11 h，遮去傍晚的光较好、遮光 35~50 d 即可开花。

6. 植物生长调节剂处理

（1）代替日照长度、促进开花。

（2）打破休眠，代替低温。

（3）促进花芽分化。

（4）延迟开花。

7. 栽培技术措施处理

栽培技术措施处理主要包括调节播种期和栽植期；进行修剪、摘心、剥蕾以及肥水管理等。

第七章 西安地区常用花卉种类

第一节 一二年生花卉

西安地区常用一二年生花卉如下。

(1)矮牵牛:茄科矮牵牛属。

(2)三色堇:堇菜科堇菜属。

(3)羽衣甘蓝:十字花科 芸薹属。

(4)二月兰:十字花科诸葛菜属。

(5)彩叶草:唇形科鞘蕊花属。

(6)鼠尾草:唇形科鼠尾草属。

(7)万寿菊:菊科万寿菊属。

(8)金盏菊:菊科金盏菊属。

(9)孔雀草:菊科万寿菊属。

(10)百日草:菊科百日草属。

(11)波斯菊:菊科秋英属。

(12)翠菊:菊科翠菊属。

(13)天人菊:菊科天人菊属。

(14)黑心菊:菊科金光菊属。

(15)一串红:唇形科鼠尾草属。

(16)瓜叶菊:菊科瓜叶菊属。

(17)藿香蓟:菊科藿香蓟属。

(18)黄秋英:菊科秋英属。

(19)向日葵:菊科向日葵属。

(20)矢车菊:菊科矢车菊属。

(21)雏菊:菊科雏菊属。

(22)松果菊:菊科松果菊属。

(23)四季海棠:秋海棠科秋海棠属。

(24)金鱼草:玄参科金鱼草属。

(25)香彩雀:玄参科香彩雀属。

(26)夏堇:玄参科夏堇属。

(27)福禄考:花荵科草夹竹桃属。

(28)大花牵牛:旋花科牵牛属。

(29)茑萝:旋花科茑萝属。

(30)虞美人:罂粟科罂粟属。

（31）花菱草：罂粟科花菱草属。

（32）鸡冠花：苋科青葙属。

（33）千日红：苋科千日红属。

（34）半边莲：桔梗科半边莲属。

（35）四季报春：报春花科报春花属。

（36）非洲凤仙：凤仙花科凤仙花属。

（37）紫茉莉：紫茉莉科紫茉莉属。

（38）地肤：藜科地肤属。

（39）醉蝶花：白花菜科醉蝶花属。

（40）毛地黄：车前草科洋地黄属。

（41）大花飞燕草：毛茛科飞燕草属。

（42）石竹：石竹科石竹属。

第二节　多年生宿根花卉

西安地区常用多年宿根花卉如下。

（1）八宝景天：景天科景天属。

（2）长寿花：景天科伽蓝菜属（温室）。

（3）天竺葵：牻牛儿苗科天竺葵属（温室）。

（4）蝴蝶花：鸢尾科鸢尾属。

（5）黄菖蒲：鸢尾科鸢尾属（水生）。

（6）鸢尾：鸢尾科鸢尾属。

（7）随意草：唇形科随意草属。

（8）薰衣草：唇形科薰衣草属。

（9）黄帝菊：菊科美兰菊属。

（10）菊花：菊科菊属。

（11）大滨菊：菊科菊属。

（12）勋章菊：菊科勋章花属。

（13）银叶菊：菊科千里光属。

（14）荷兰菊：菊科紫菀属。

（15）紫露草：鸭跖草科紫露草属。

（16）柳叶马鞭草：马鞭草科马鞭草属。

（17）美女樱：马鞭草科马鞭草属。

（18）耧斗菜：毛茛科耧斗菜属。

（19）芍药：毛茛科芍药属。

（20）山桃草：柳叶菜科山桃草属。

（21）蜀葵：锦葵科蜀葵属。

(22)五星花:茜草科五星花属。
(23)萱草:百合科萱草属。
(24)火炬花:百合科火炬花属。
(25)玉簪:百合科玉簪属。
(26)羽扇豆:蝶形花科羽扇豆属。
(27)绣球花:虎耳草科八仙花属。
(28)矾根:虎耳草科矾根属。
(29)蒲包花:玄参科蒲包花属。

第三节 多年生球根花卉

西安地区常用多年生球根花卉如下。
(1)美人蕉:美人蕉科美人蕉属。
(2)石蒜:石蒜科石蒜属。
(3)葱兰:石蒜科葱莲属。
(4)朱顶红:石蒜科孤挺花属。
(5)水仙:石蒜科水仙属。
(6)大花葱:百合科葱属。
(7)百合:百合科百合属。
(8)葡萄风信子:百合科蓝壶花属。
(9)风信子:百合科风信子属。
(10)郁金香:百合科郁金香属。
(11)红花酢浆草:酢浆草科酢浆草属。
(12)紫叶山酢浆草:酢浆草科酢浆草属。
(13)荷包牡丹:紫堇科荷包牡丹属。
(14)花毛茛:毛茛科毛茛属。
(15)射干:鸢尾科射干属。
(16)唐菖蒲:鸢尾科唐菖蒲属。
(17)大丽花:菊科大丽花属。

第六部分　园林绿地规划设计知识

第一章　园林概述

随着社会发展，人们希望与自然达成更高的精神默契。园林艺术凝固了人类美化的自然，带着与自然交流的永恒体验，带着梦中的天地、理性的浪漫、情感的自然、内心的庭院、户外的厅堂……向我们走来。

第一节　园林规划设计概念

一、园林泛谈

一般可以将“园林”解释为：在一定的地段范围内，利用并改造自然山水，或人为改造山水地貌，结合植物的栽种、建筑的布局，建造供人们休憩、游览、居住的环境。建造这一环境的过程称为造园。

二、园林规划设计的含义

“规”者，规则、规矩之意；“划”者，计划、策划之意；“设”者，陈设、设置之意；“计”者，计谋、策略之意。园林规划设计，就是对未来园林绿地发展方向的筹划或安排，是实现园林美好理想的创作过程。它受到经济条件的制约和艺术法则的指导，体现“美观、经济、实用”的原则。园林规划设计是园林绿地建设施工的前提和指导，又是施工的依据。凡是新建和扩建的园林绿化建设项目，必须进行正规设计，没有设计不得施工。

第二节　中外园林发展

世界园林有东方、西亚、欧洲三大系统。

中国园林经过 3 000 多年的造园实践，已经形成了一个完整独立的体系，有着完善的艺术创造理论和工程技术经验，具有鲜明的民族特色与浓厚的东方情趣，它深深地影响着与中国毗邻的一些国家园林艺术的发展，尤其是对日本造园艺术影响最大。东方系园林主要特色是自然山水、植物与人工山水、植物栽培与建筑相结合。

西亚园林古代以阿拉伯地区的叙利亚、伊拉克及波斯为代表，主要特色是花园与教堂。

欧洲系园林古代以意大利、法国、英国为代表，各有特色，基本以规则式建筑布局为主，以自然景色为辅。

第三节　城市园林绿地景观类型

城镇园林绿地系统是由一定量与质的各类园林绿地相互联系、相互作用而组成的绿色统一体。园林绿地系统在城镇中起着保护环境、美化城镇、改善居民生活条件的作用，具有突出的生态功能、社会功能和经济功能。

目前根据我国城镇绿地统一规划及城镇园林绿化工作的需要，一般将城镇各类绿地分成 6 大类型：公共绿地，居住区绿地，交通绿地，单位附属绿地，生产、防护绿地及风景区名胜绿地。

1. 公共绿地

公共绿地是指供全城镇居民休息、游览的公园绿地。它包括市、区级公园、花园、动物园、植物园、儿童公园、体育公园、纪念性园林、名胜古迹园林、休憩林荫带、城市广场等。

（1）市、区级综合公园系市、区范围内供居民进行游览休息、文化娱乐活动的具有综合性功能的大中型绿地。大城市可设置几个为全市居民服务的市级公园，每区设一至数个区级公园；中小城市可能只有市一级的综合性公园。市级公园面积一般为 10 hm^2 以上，乘车 30 min 可至（即服务半径 3 km 左右）。区级公园在 10 hm^2 左右，步行 15 min 可达（即服务半径 1.5 km 左右），可供居民半天到一天活动。

（2）花园是比公园规模次一级的绿地，比区级综合公园小，它不属于某一居住区，又比居住卤小游园面积大，设施简单，可供居民作短时休息之用，面积 5 hm^2 左右，步行 10 min 可达，服务半径为 1.5 km 左右；零散均匀地分布在城镇的各区。

2. 居住区绿地

居住区绿地是居住用地的一部分。居住用地中，除去居住建筑用地、居住区内部道路用地、中小学幼托建筑用地、商业服务公共建筑用地及生活杂务等用地外，就是可供绿化的用地。它包括居住区小游园、居住区内单位附属绿地、组团绿地、宅旁绿地、居住区道路绿地等。其功能是改善居住区的环境卫生和小气候，美化环境，为居民日常休憩活动创造良好的条件。它是居民使用频率很高的绿地。

3. 交通绿地

交通绿地包括街道绿化用地和公路、铁路防护绿地。

（1）街道绿地是指居住区道路以上的街道绿地，包括人行道与分隔带、交通岛、立体交叉口及桥头绿地等。

（2）公路、铁路防护绿地是指对外交通用地的一部分，特别是穿越城区的铁路线两侧，沿线设置一定宽度的林带，对于减小噪声和保障安全都有很大的作用。

4. 单位附属绿地

单位附属绿地是指专属某一部门、单位使用的，不对城镇居民开放的绿地，所以又称专用绿地。它有以下几种。

（1）工矿企业、仓库绿地，可以减轻有害物质对工人和附近居民的危害，能调节内部气温和湿度，降噪，防风等，所以这类绿地有利于安全生产，能改善劳动条件。

（2）公用事业绿地，如公共交通车辆停车场、水厂、污水及污物处理厂等的内部绿地。

（3）公共建筑庭园，是指居住区级以上的公共建筑附属绿地，如机关、学校、医院、商业服务、影剧院、体育馆等的绿地。

5. 生产、防护绿地

生产、防护绿地包括苗圃、花圃、卫生防护林等，其中苗圃、花圃是城镇绿化的生产基础，包括各单位自用的苗圃和属于城镇园林部门的大片苗圃、花圃。

6. 风景名胜区绿地

风景名胜区绿地一般是具有特色的大面积自然风景，多位于郊外，经开发修整，可供游人进行一天以上休憩的大型绿地。

第二章 园林植物规划设计原理

第一节 园林植物的表现方法

一、园林植物的平面画法

(一)园林树木的平面表示方法

园林植物是园林设计中应用最多,也是最重要的造园要素。园林植物的分类方法较多,据各自特征,将其分为乔木、灌木、攀缘植物、竹类、花卉、绿篱和草地七大类。这些园林植物由于它们的种类不同,形态各异,画法也不同。但一般都是根据不同的植物特征,抽象其本质,用“约定俗成”的图形来表现的。

园林植物的平面图是指园林植物的水平投影图(见图 1-6-2-1)。一般都采用图例概括地表示,其方法为:用圆圈表示树冠的形状和大小,用黑点表示树干的位置及树干粗细。树冠的大小根据树龄按比例画出,成龄树的树冠大小见表 1-6-2-1。

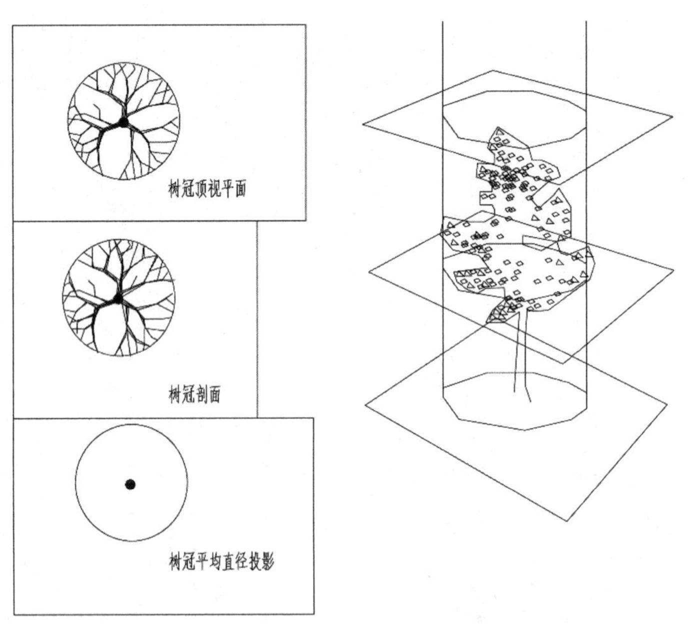

图 1-6-2-1 园林植物的平面图

表 1-6-2-1 成龄树的树冠冠径 (单位:m)

树种	孤植树	高大乔木	中小乔木	常绿乔木	花灌木	绿篱
冠径	10~15	5~10	3~7	4~8	1~3	单行宽度:0.5~1.0 双行宽度:1.0~1.5

为了能够更形象地区分不同的植物种类,常以不同的树冠线型来表示(见图 1-6-2-2)。

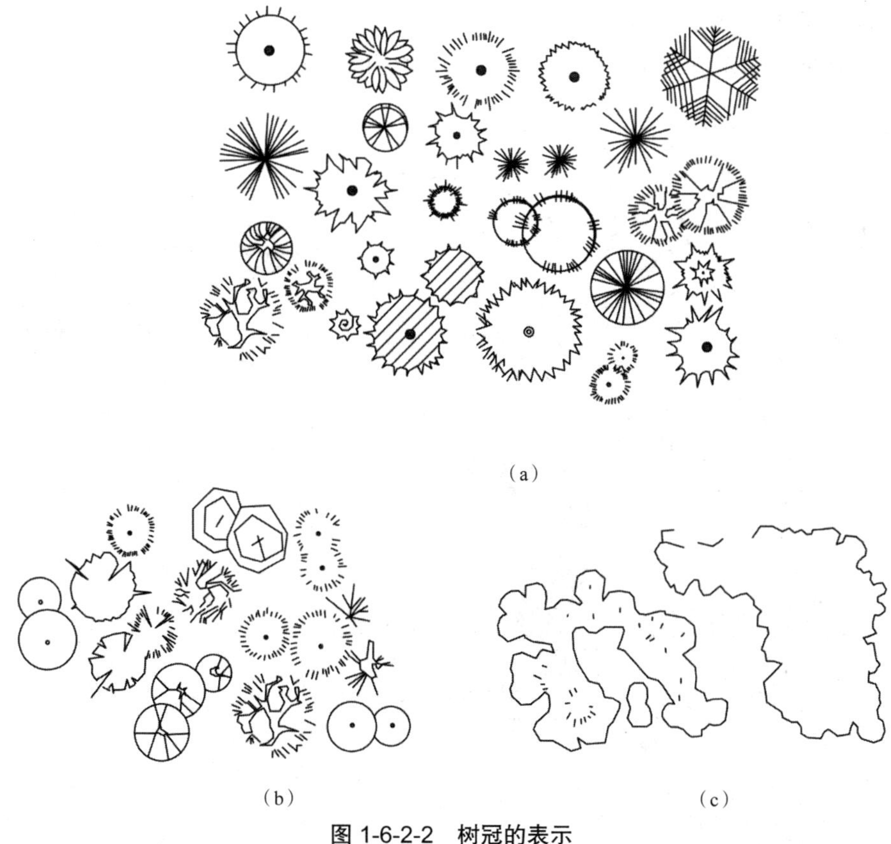

(a)

(b)　　(c)

图 1-6-2-2　树冠的表示

(a)针叶树阔叶树平面画法;(b)相同相连树木的平面画法;(c)大片树木的平面表示画法

(1)针叶树常以带有针刺状的树冠来表示,若为常绿的针叶树,则在树冠线内加画平行的斜线。

(2)阔叶树的树冠线一般为圆弧线或波浪线,且常绿的阔叶树多表现为浓密的叶子,或在树冠内加画平行斜线,落叶的阔叶树多用枯枝表现。

如图 1-6-2-2 所示,(a)为针叶树阔叶树平面画法,(b)为相同相连树木的平面画法,(c)为大片树木的平面表示法,并无严格的规范。实际工作中,根据构图需要,设计师可以自行发挥。

当表示几株相连的相同树木的平面时,应互相避让,使图面形成整体(见图 1-6-2-2(b));当表示成群树木的平面时可连成一片,只勾勒林缘线(见图 1-6-2-2(c))。

(二)灌木和地被植物的表示方法

灌木没有明显的主干,平面形状也有曲有直。自然式栽植灌木丛的平面形状多不规则,修剪过的灌木和绿篱都是平滑的。灌木的平面表示方法与树木类似,通常修剪规则形状的灌木可用轮廓、分枝或枝叶型表示,修剪不规则形状的灌木平面宜用轮廓型和质感型表示,表示时以栽植范围为准。(图 1-6-2-3(a))

地被植物宜采用轮廓勾勒和质感表现的形式表示。作图时应以地被植物栽植的范围线为依据,用不规则的细线勾勒出地被植物的范围轮廓。

（三）草坪和草地的表示方法

草坪和草地的表示方法很多，下面介绍一些主要的表示方法（图 1-6-2-3（b））。

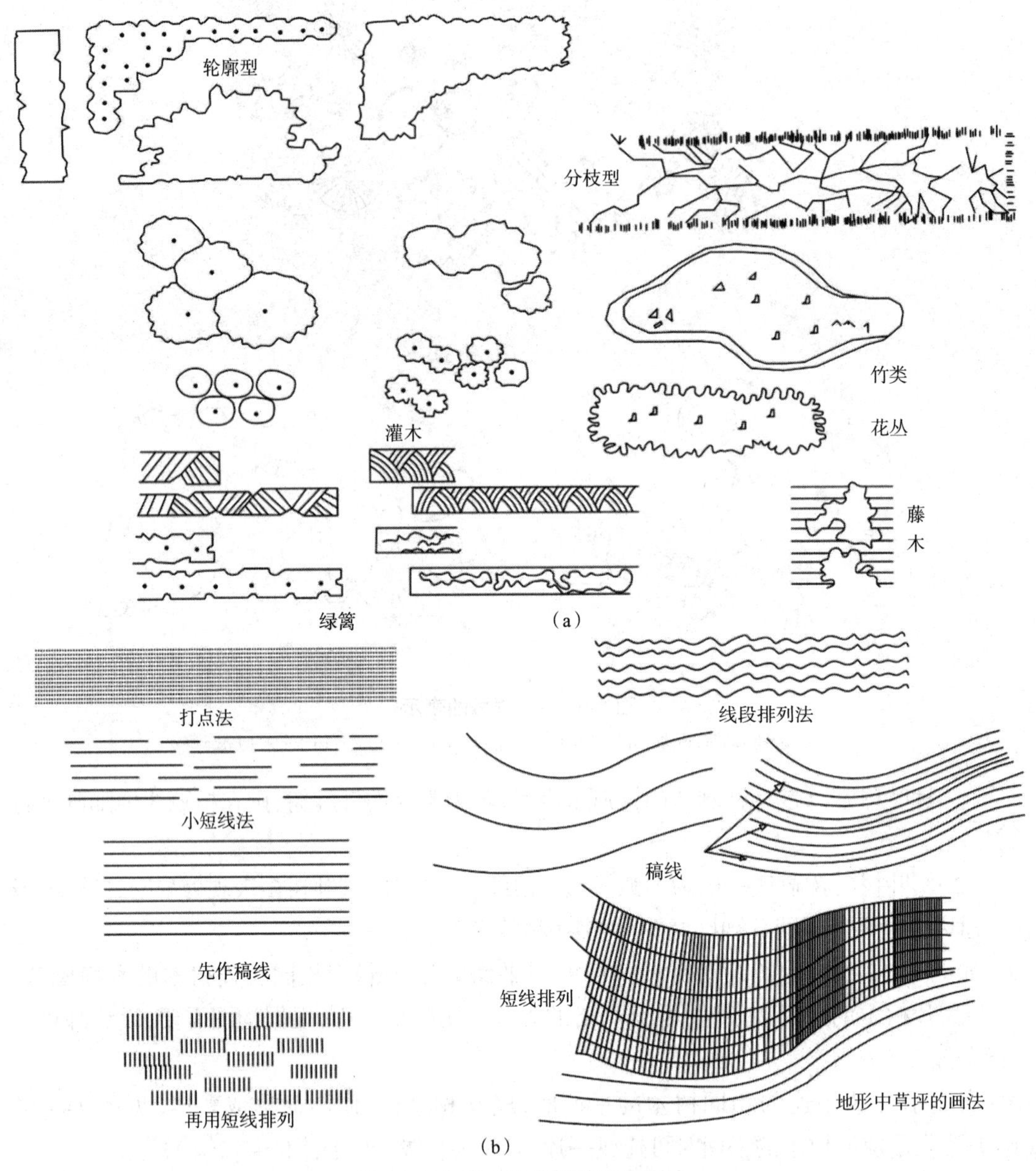

图 1-6-2-3 灌木和草坪的平面画法

（a）灌木和绿篱的平面画法；（b）草坪和草地的平面画法

1. 打点法

打点法是较简单的一种表示方法。用打点法画草坪时所打的点的大小应基本一致，无论疏密，点都要打得相对均匀。

2. 小短线法

将小短线排列成行，每行之间的间距相近，并排列整齐。排列不规整的小短线可用来表示草地或管理粗放的草坪。

3. 线段排列法

线段排列法是最常用的方法，要求线段排列整齐，行间有断断续续的重叠，也可稍留些空白或行间留白。另外，还可用斜线排列表示草坪，排列方式可规则，也可随意。

第二节　园林规划设计的基本原理和程序

一、园林绿地构图的含义

所谓构图即组合、联系和布局的意思。园林绿地构图是在工程、技术、经济可能的条件下组合园林物质要素，联系周围环境，并使其协调，取得绿地形式美与内容高度统一的创作技法，就是规划布局。

这里，园林绿地的内容，即性质、功能用途，是园林绿地构图形式美的依据；园林绿地建设的材料、空间、时间是构图的物质基础。

二、园林绿地构图的特点

园林是一种立体空间艺术。园林绿地构图是以自然美为特征的空间环境规划设计，绝不是单纯的平面构图和立面构图。因此，园林绿地构图要善于利用地形、地貌、自然山水、绿化植物，并以室外空间为主，与室内空间互相渗透。

园林绿地构图是综合的造型艺术。园林美是自然美、生活美、建筑美、绘画美、文学美的综合，它以自然美为特征，有了自然美，园林绿地才有生命力，才能加强其艺术表现力。

园林绿地构图受时间变化影响。园林绿地构图的要素如园林植物、山、水等的景观都随时间、季节而变化。

三、园林绿地构图的基本要求

（1）园林绿地构图应先定主题思想，即意在笔先，还必须与园林绿地的实用功能相统一，要根据园林绿地的性质、功能用途确定其设施与形式。

（2）要根据工程技术、生物学要求和经济上的可能性进行构图。

（3）按照功能进行分区，各区要各得其所，景色分区要各有特色，化整为零，园中有园，互相提携，又要多样统一，既分隔又联系，避免杂乱无章。

（4）各园都有特点、有主题、有主景，主次分明，主题突出，避免喧宾夺主。

（5）要根据地形特点，结合周围景色环境，巧于因借，做到“虽由人做，宛自天开”，避免矫揉造作。

四、园林绿地构图的基本规律

（1）统一与变化。

（2）均衡与稳定。

（3）比例与尺度。

（4）比拟联想。

（5）空间组织。

五、绿地规划设计的程序

园林建设工程作为建设项目中的一个类别，它必定要遵循建设程序。其中各项工作必须依先后次序的法则。

（一）项目建议书阶段

项目建议书是根据当地国民经济发展的总体规划或行业规划等要求，经过调查、预测、分析后提出的。其内容一般包括：①建设项目的必要性和依据；②项目规模、地点以及自然资源、人文资源；③投资估算、资金筹措来源；④社会效益、经济效益估算。

（二）可行性研究报告阶段

当项目建议书一经批准，即可着手进行可行性研究，其基本内容如下。

（1）项目建设的目的、性质、提出的背景和依据。

（2）建设项目的规模、市场预测的依据等。

（3）项目建设的地点位置、当地的自然资源与人文资源的状况，即现状分析。

（4）项目内容，包括面积、总投资、工程质量标准、单项造价等。

（5）项目建设的进度和工期估算。

（6）投资估算和资金筹措方式，如国家投资、外资合营、自筹资金等。

（7）经济效益和社会效益。

（三）设计工作阶段

设计是对拟建工程实施在技术上和经济上所进行的全面而详尽的安排，是园林建设的具体化。设计过程一般分为三个阶段，即初步设计、技术设计和施工图设计。但对园林工程一般仅需要初步设计和施工设计即可。

（四）建设准备阶段

项目在开工建设前要切实做好各项准备工作，其主要内容如下。

（1）征地、拆迁、平整场地，其中拆迁是一件政策性很强的工作，应在当地政府及有关部门的协助下，共同完成此项工作。

（2）完成施工所用的供电、水、道路设施工程。

（3）组织设备及材料的订货等准备工作。

（4）组织施工招、投标工作，精心选定施工单位。

（五）建设实施阶段

1. 工程施工的方式

工程施工方式有两种：实施单位自行施工和委托承包单位负责完成。目前通过公开招标以决定承包单位是最为常用的工作方式。

2. 施工管理

施工管理是搞好施工的一个重要阶段。它包括工程管理、质量管理、安全管理、成本管理和劳务管理。

（1）工程管理：是在工程中为了确保工程顺利进行，在规定的工期内完成建设项目的管理措施。它对工期中的突发事件进行补葺、修正并加以灵活运用。

(2)质量管理:其目的是有效地建造出符合要求的高质量的项目,确保质量的稳定。

(3)安全管理:是为了杜绝劳动伤害、创造秩序井然的施工环境的重要管理业务。

(4)成本管理:要想做出高质量的园林作品,就要提高成本管理意识,而利润是成本管理的结果。

(5)劳务管理:它是为了保证工程劳务人员的权益,同时也是项目顺利完成的必要保障。

(六)竣工验收阶段

竣工验收由验收的准备工作、组织项目验收、确定开放日期组成。

验收范围:根据国家现行规定,所有建设项目按照上级批准的设计文件所规定的内容和施工图纸的要求全部建成。

(七)后评价阶段

后评价是对工程竣工并使用一段时间后,进行系统评价的一种技术经济活动。对此进行总结经验、研究问题、吸取教训、提出建议、改进工作,不断提高项目决策水平。

第三节　园林植物配置与造景的美学原理

一、园林美的特征

园林美是园林师对生活(包括自然)的审美意识(思想感情、审美趣味、审美理想)和优美的园林形式的有机统一,是自然美、艺术美和生活美的高度融合。它是衡量园林作品艺术表现力强弱的主要标志。

1. 园林艺术中的生活美

园林既是一处艺术空间,又是一处人们可以进入其中的现实空间。在这个空间里,常常设有若干可以挡风沙、避寒暑、遮风雪的园林建筑物,人们可在其中眺望、品茶、弈棋、抚琴、阅读……形成一个具有浓郁生活气息的令人赏心悦目的美好环境。

园林中的生活美还体现在其清新宜人的环境、方便交通、广阔的户外活动场地,有可以安静的散步、垂钓、休息的场所等方面。

2. 园林艺术中的自然美

园林中的自然美可归纳为:声音美、色彩美、姿色美、芳香美。

3. 园林艺术中的艺术美

园林艺术中的艺术美包括造型艺术美、联想艺术美等内容。

二、色彩美原理——配色原则

(一)色相调和

1. 单一色相调和

在同一颜色之中,浓淡明暗相互配合,在花坛内不同鲜花配色时,如果以深红、明红、浅红、淡红顺序排列,会呈现美丽的色彩图案,易产生渐变的稳健感。如果调和失宜,则显杂乱无章,黯然失色。

在园林植物景观中,并非任何时候都有花开或彩叶,绝大多数是以绿色支撑景观的再现。而绿色的明暗与深浅通过“单色调和”加之以蓝天白云,同样会显得空旷优美。如草坪、树林、针叶树以及阔叶树、地被植物的深深浅浅,给人们不同的、富有变化的色彩感受。

2. 近色相调和

近色相的配色,仍然具有相当强的调和关系,近色相的色彩,依一定顺序渐次排列,用于园林景观的设计中,常能予人以混合气氛之美感。如红、蓝相混以得紫,红、紫相混则为近色搭配。同理,红、紫或黄、绿亦然。欲打破近色相调和之温和平淡,又要保持其统一和融和,可改变明度或彩度。强色配弱色,或高明度配低明度,加强对比,效果也不错。

3. 中差色相调和

蓝天、绿地、喷泉即是绿与蓝两种中差色相的配合,但其间的明度差较大,故而色块配置自然变化,给人以清爽、融合之美感。

4. 对比色相调和

对比色常常得以应用,是因其配色给人以现代、活泼、洒脱、明视性高的效果。花坛及花境的配色,为引起游客的注意,提高其注目性,可以把同一花期的花卉对比色安排。对比色可以增加颜色的强度,使整个花群的气氛活泼、向上。花卉不仅种类繁多,就同一种而言也会有许多不同色彩和高度的品种和变种,其中不乏色彩冷暖俱全者,如三色堇、矮牵牛、四季秋海棠、杜鹃、非洲凤仙花、大丽花等,如果种在同一花坛或花园内会混乱不堪。亦应按冷暖之别分开,或按高矮之差分块种植,一是可以充分发挥品种的特性,二是避免造成凌乱的感觉。优秀的景观设计师在进行色彩搭配时,通常先取某种颜色为主体色,其他颜色则为副色以衬托主色,切忌喧宾夺主。

(二)色块

色块是指颜色的面积或体量。景观中的色彩,实际上是由各种大的色块有机地拼凑在一起而形成的。现代城市景观中,尤其是广场绿化和道路绿化两侧的绿化带,通常用红叶小檗、金叶女贞和草坪等配成各种大小不等的色带或色块,以增强城市的快节奏感。在西方古典规则式园林中,也习惯用矮篱修剪成各种图案,其中大部分强调色彩的构图,凸显色彩构图之美。

二、形式美原理

任何成功的艺术作品都是形式与内容的完美结合,园林植物景观设计艺术也是如此。在建筑雕塑艺术中,所谓的形式美即是各种几何体的艺术构图。植物的形式美是指植物及其“景”的形式,在一定条件下,在人的心理上产生的愉悦感反应。它由环境、物理特性、生理的感应三要素构成。形成三要素的辩证统一规律即植物景观形式美的基本规律,同样也遵循:统一、对称、均衡、比例、尺度、调和、节奏、韵律等规范化的形式,即艺术规律。

(一)对比与调和

1. 形象的对比与调和

1)高低大小

在植物景观设计中,高大乔木与低矮的灌木及草坪地被形成高矮之对比。如果在大面积草坪中央植几株高大的乔木,空旷寂寞,又别开生面,是因为高度差给人的幻觉。而在林缘或林带中高低错落的乔灌搭配，宜形成起伏连绵而富有旋律的天际曲线。

2）形状

植物景观具有三种基本形状：圆形、方形和三角圆形。圆形反映了曲线特有的自然、紧凑、朴素、简练，具清新之美而无冗长之弊。自然界中具天然圆形成分的植物姿态，如圆球形、半圆球形以及圆锥形等。另外，因其圆润之美，大家常喜欢将植物修剪成圆形，如黄杨球、小檗球等。这种形式在日本园林中尤为常见。方形是由一系列直线构图而成的。方形是和人类关系甚为密切的形状，因其便于加工和相互连接。在西方古典园林中经常用修剪成方形的树篱围成各种几何构图。天然的方形植物并不存在，但在一些国家和地方常有把高大的行道树修剪成整整齐齐的方形的例子。三角形是圆形和方形之间的过渡。它既不像圆形那样无直唯曲，略显散漫，也不像方形那样规规矩矩，缺乏灵性，但除了一些具有尖塔形的乔木外，在园林植物景观中一般很少用三角形。

2. 方向的对比与调和

植物的姿态分为向上型、平行型和无方向型，同时也表现了其方向性。其中向上与平行，一横一立，同处一画面，更突出个性表达。所以在攒尖亭周围不主张用单株的雪松、龙柏等向上型的尖顶状树，以免产生亭尖、树冠的争夺之势。

3. 色彩的对比与调和

只有解决好色彩对比与色彩调和之间的关系，才能使色彩在设计中发挥最大的作用。

4. 体量的对比与调和

各种植物在体量上存在着很大差别，不仅是种类不同，还表现在同种的不同生长级别上。利用此对比可体现不同的景观效果，如以棕榈和散尾葵对比，蒲葵与棕竹对比，而其叶形及热带风光的姿态又得以调和。

5. 虚实的对比与调和

植物有常绿与落叶之分，冠为实而冠内为虚。这也道出了利用植物创造空间感的方法。以灌木围合四周，以乔木围合顶部，在需要突出透景线的地方不加种植。植物为实，空间为虚，实中有虚，虚中有实，是现代园林植物景观设计中较好的手段。

6. 明暗的对比与调和

明暗给人以不同的心理感受。明处开朗活泼，暗处幽静柔和。明宜于活动，暗宜于休憩。植物的阴影最宜形成风驳的落影，明暗相通，极富诗意。

7. 质地的对比与调和

植物有粗质、中质、细质之分，不同质地给人以不同的感觉。不同质地的植物搭配对空间的大小及主题的表达也有影响。合理运用质地间的对比、调和、渐变是设计中常用手法。

8. 开闭的对比与调和

围合封闭与空旷自然，互相对比，互为衬托，从封闭的森林走向空旷的草原，令人心旷神怡，顷刻释放所有的恐怖和压抑；从空旷走向封闭，深邃而幽寂，别有一番滋味。因此，巧妙地利用植物创造封闭与空旷的空间对比，有引人入胜之功效。

(二)节奏与韵律

有规律的再现称为节奏。在节奏的基础上深化而形成的既富于情调又有规律的,称为韵律。韵律包括重复韵律、渐变韵律和交错韵律。一排排行道树就是重复韵律。而“间株垂柳间株桃”则道出了重复韵律之绝妙。重复韵律包括形状的重复和尺寸的重复。

(三)比例与尺度

比例是部分和部分之间、整体和局部之间、整体和周围环境之间的大小关系,其与具体尺度无关。人在赏景时,因视线的角度不同,分为平视、仰视和俯视。不同的赏景姿势给人以不同的感觉。

(四)主从与统一

主从即主体与从属的关系。主与从成了重点和一般的对比与变化。在主从比较中发现重点,在变化关系中寻求统一是术、计中的绝对法则。尤其是在植物配置中,如何表现主从与统一是获得良好景观的决定性因素。

(五)均衡与稳定

构图在平面上的平衡为均衡,在立面上的平衡则为稳定。园林植物景观是利用各种植物或其构成要素在体形、色彩、质地以及线条等方面现量的感觉。这种称为“美景”的感觉有的是对称美,有的是不对称美,有的是质感均衡美,有的是竖向均衡美,等等。

第四节 园林植物配置与造景的基本原理及常用的景观设计手法

一、设计总则

(1)以总体规划为依据。

(2)因地制宜,适用、经济、美观。

(3)以植物造景为主,提倡植物造景是当代景观设计的一大主题。

(4)适地适树。

(5)表现诗情画意的意境美。

(6)以人为本。

二、景观设计细则

完美的植物景观,必须具备科学性与艺术性两方面的统一,既要满足植物与环境在生态上的统一,又要通过艺术构图原理体现出植物个体及群体的形式美,及人们在欣赏时所产生的意境美。就具体的植物景观设计而言,还需注意以下几点原则。

(1)顺应地势,割划空间。

(2)空间多样,统一布局。

(3)主次分明,疏落有致。

(4)立体轮廓,均衡韵律。

(5)环境配置,和谐自然。

(6)一季突出,季季有景。

三、园林植物景观设计手法

“意”景、借景 、障景、框景、夹景、漏景。

第五节　园林植物的种植设计

一、园林树木的配置

“园林绿化，乔木当家”。乔木体量大，占据园林绿化的最大空间，因此，乔木树种的选择及其配置形式反映了一个城市或地区植物景观的整体形象和风貌，是植物景观营造首先要考虑的因素。

园林树木种类繁多，形态、习性各异，其配置千变万化，加上树木是生命的有机体，在生长发育的过程中呈现出动态变化，能够产生多种多样的景观形式。根据在园林中的应用，树木可分为孤植、对植和列植、丛植、群植等几种配置方式。

1. 孤植

孤植树在园林中通常有两种功能：一是作为园林空间的主景，展示树木的个体美；二是发挥遮阴功能。

2. 对植和列植

树木根据在园林中的应用可分为对植树和列植树。

3. 丛植

将几株至十几株同种类或相似种类的树种较为紧密地种植在一起，使其林冠线彼此密接而形成外部轮廓线，这种配置方式叫丛植。丛植形成的树丛有较强的整体感，个体也要能在统一的构图之中表现其个体美，所以丛植树种选择的条件与孤植树相似，必须挑选在树形、树姿、色彩等方面有特殊价值的种类。

丛植形成的树丛既可以作主景，也可以作配景。作主景时，四周要空旷，有较为开阔的观赏空间和通透的视线，或栽植点位置较高，使树丛主景突出。

4. 群植

由二三十株以至百株的乔木、灌木成群配植称为群植，形成的群体称为树群。

二、灌木的配置

（一）灌木在园林中的应用

灌木在园林植物群落中属于间层，起着乔木与地面、建筑物与地面之间的连贯和过渡作用。其平均高度基本与人平视高度一致，极易形成视觉焦点，在园林景观营造中具有极其重要的作用，加上灌木种类繁多，既有观花的，又有观叶、观果的，更有花果或果叶兼美者。灌木在园林中有以下几个方面的作用。

（1）构成景物图。灌木以其自身的观赏特点既可单株栽植，又可以群植形成整体景观效果。

（2）与其他园林植物配置。

（3）配合和联系景物。

（4）布置花境。

(5)吸引昆虫及鸟类。

(6)做基础种植。

(7)灌木可以增添季节特色。

(二)灌木应用中应该注意的问题

(1)灌木的生态习性。

(2)灌木的色彩配置。

(3)灌木的整形修剪。

三、园林植物种植设计图绘制

园林植物种植设计图是表示园林植物位置、种类、数量、规格及种植类型的平面图,是组织园林招投标、施工和养护管理、编制预决算的重要依据。

具体绘制要求如下。

(1)设计平面图。要求绘出建筑物、水体、道路及地下管线的位置,其中水体边界线用粗实线,沿水体边线内侧用细实线表示出水面,建筑用中实线,道路用细实线,地下管线用中虚线。

(2)种植设计图。将准备应用的植物给出一个图例,绘制在所设计的种植位置上,并用圆点表示出树干位置。树冠大小按成龄后冠幅绘制。

(3)编制苗木统计表。在图纸适当位置,列表说明所设计植物编号、树种名称、规格、单位、数量、等。

(4)标注定位尺寸。自然式植株种植设计图,宜用于设计平面图、地形图同样大小的坐标网确定终止位置,规则式植物种植设计图,宜相对某一原有地上物,用标注株行距的方法,确定种植位置。

(5)绘制种植详图。必要时按苗木统计表中编号绘制种植详图,说明种植某一种植物时,挖坑、覆土、施肥、支撑等种植施工要求。

(6)绘制比例、指北针、主要技术要求及标题栏。

四、园林植物种植设计图阅读

(1)看图名、比例、设计说明及指北针。

(2)看等高线和水位线。

(3)看图例和文字说明:①明确新建景物的平面位置;②看图中索引编号和苗木统计表;③看植物种植定位尺寸;④看植物种植详图。

(4)看坐标或尺寸,根据坐标或尺寸查找施工放线依据。

第七部分　园林绿化施工知识

第一章　园林绿化工程施工

第一节　园林树木栽植知识

一、栽植的概念

从狭义上讲,栽植是指苗木的种植。

从广义上讲,栽植包括苗木的掘起、搬运、种植、栽后成活管理4个基本环节。掘起俗称“起苗”,是指将要移植的苗木从地里(裸根或带土球)起出的操作。搬运是指将起出的苗木进行包装并运到栽植点的过程。种植是将移来的苗木栽入土中的操作。栽后成活管理是指为了保证栽植后的苗木能够成活所采取的养护技术措施。本次种植后不再移动称为定植;以后还需移到别处的称为移植;在掘起和搬运后,不能及时种植,为保护根系,防止苗木脱水,用湿润土壤临时填埋的措施称为假植。

二、树木栽植成活的原理

一株正常生长的树木,其根系和土壤紧密结合,地上部与地下部的生理代谢(如根对水分的吸收和叶的蒸腾作用)是平衡的,树木栽植过程中,由于起苗破坏了根系和土壤的关系,根部与地上部的代谢平衡被破坏了。因此,如何使移植过来的树木与新环境迅速建立正常的联系,及时恢复树木以水分代谢为主的生理平衡,是栽植成活的关键。这种新平衡建立的快慢与树种的习性、树龄、栽植技术、物候状况等都密切相关。一般来说,发根能力和再生能力强的树种移植容易成活,幼年期、青年期的树木以及处于休眠期的树木移植容易成活。

三、树木栽植的时间

只要能保证树木生理代谢的平衡,一年四季种植树木都可以。但为了降低成本,提高成活率,一般多选择在春秋两季进行栽植。最佳栽植时间是早春和晚秋:早春是指土壤解冻后到落叶树发芽前的时期;晚秋是指落叶树落叶后到土壤上冻前的时期。这两个时期树木对水分和养分的需求量都不大,且树体还储存有大量的营养物质,利于伤口的愈合和新根的发生。可根据树木的发芽或落叶时间来合理安排种植时间:春季发芽早的树先种,发芽晚的后种;秋季落叶早或先停止生长的树先种,落叶晚或后停止生长的树后种。相对容易栽植成活的时间是春季,一般从2月中旬到4月中旬,有60 d左右;秋季一般从10月上旬到11月下旬,有60 d左右。另外,雨季栽植成活率较高。

四、树龄与成活的关系

同一种树木,树龄越小,再生能力越强,移植成活率越高。但小苗木易受损伤,而且不能发挥园林绿化的整体效果。壮年期和老年期的树木再生能力弱,且树体过大,移植操作困难，技术复杂，因此一般不选用。城市绿化宜多选用幼青年期的大规格苗木，一般落叶树最小应选用胸径 3 cm 以上的苗木，常绿树最小应选用树高 1.5 m 以上的苗木。

第二节　园林绿化工程施工方案与计划的编制

一、园林绿化工程施工方案

一项绿化工程任务下达后，在开工前，为了统一协调，要制定一个组织这项绿化工程施工的安排，又称为园林绿化工程施工计划。

二、编制园林绿化工程施工方案的意义

绿化工程与土建、市政等其他工程相比，有它的特殊性，除了以种植植物为施工对象，还要涉及土方、山石、道路、照明、水景、建筑小品等项目，为了相互配合、统一步调，做到保质保量，顺利完成施工任务，在各项项目开工前，都必须制订好计划，全体施工人员必须按照计划的规定要求，完成各自的工作，只有这样，才能顺利完成施工任务。

三、园林绿化工程施工方案的内容和编制方法

1. 园林绿化工程施工方案的主要内容

1）工程概况

工程概况主要包括工程名称、施工地点、参与施工的单位和部门、设计意图、工程意义、原则要求以及指导思想，工程内容包括施工范围、施工任务、工程预算、工程特点等。

2）施工进度安排

施工进度包括总进度和各单项任务进度。总进度是指全部工程项目的整个进度时间。单项任务进度是指完成各项任务的具体时间。

3）施工现场的平面布置

安排施工计划时，可用平面图的形式，标出与施工相关的建筑和设施的放置位置，包括交通路线、水源、放线基点、生活区、办公区等。

4）施工的组织结构

它包括施工的单位和负责人、项目经理、技术负责人、苗木采购、资料管理、现场技术、后勤保障等。

5）劳动力计划

它包括总劳动力和每道工序所需劳动力，劳动力的来源等。

6）材料、工具供应计划

它包括苗木、工具、材料等的用量、规格、型号、使用日期等。

7）车辆、机械使用计划

根据需要提出所需车辆、机械，并说明型号、日用台班数和使用日期。

8）制定完成任务的措施

它包括统计、财务、技术及质量管理措施和安全生产措施等。

2. 园林绿化工程施工方案的编制方法

园林绿化工程施工方案应由施工单位的领导部门或生产业务部门制定。负责人收集各

相关部门的意见,反复修改方案,最后报批执行。

3. 植树工程主要技术项目的确定

为确保工程质量,应对植树工程的主要项目确定技术措施和质量要求。特别是对定点放线、种植坑的规格大小、起苗运苗方法、栽植程序等明确技术措施和质量要求。

(1)定点放线:确定具体的定点、放线方法,保证位置准确。

(2)挖穴:规定具体的挖穴规格。

(3)换土情况:确定是否需要换土以及客土量、客土来源、渣土去向等。

(4)苗木采购:选苗的标准。

(5)挖苗:挖苗方法、带土球大小、裸根根系规格。

(6)运苗:确定具体的运苗方法。

(7)假植:确定假植的地点、方法、时间养护管理措施。

(8)栽植:确定栽植顺序,是否施肥,根部消毒方法等。

(9)修剪:确定修剪方法、高度、形式等。

(10)立支柱:确定是否要立支柱以及支柱的形式、材料、方法。

(11)灌水:确定灌水的方式、方法、次数和灌水量。

(12)现场清理的具体措施。

4. 园林绿化工程施工计划表格编制和填写

目前没有统一完善的计划表格,一般可以购买现成表格、从网站上下载或自己编制。计划表格要内容全面、项目详细、文字简练、意思明确。常用的相关计划表格一般包括园林绿化施工进度计划表、园林绿化工程工具和材料计划表、园林绿化工程苗木供应计划表、园林绿化工程机械、车辆使用计划表。

第三节　园林树木栽植施工

一、植树施工原则和特点

1. 施工原则

(1)必须符合规划设计要求。

(2)必须符合树木的生活习性。

(3)必须熟悉施工现场。

(4)必须抓紧适宜的栽植季节。

(5)要严格执行相应的技术规范和操作规范。

2. 施工特点

(1)季节性。

(2)科学技术性。

(3)艺术性。

二、苗木的选择和施工措施

同一品种、同龄苗木,一般选择生长旺盛、树冠完整、树形优美、无病虫害苗木,栽植成活率高。生长过旺、徒长的苗木不宜选取;一直没有移栽过的实生苗,因根系过长,也影响成活率。苗木移栽时最忌根部失水,最好能随掘、随运、随栽。

施工人员要根据树种不同特性采取不同的技术措施,再生能力强,发根能力强的苗木可以裸根栽植,如杨、柳、槐、榆、臭椿、银杏、梅、桃、杏、连翘、迎春、紫穗槐、蔷薇等,而有些树种,特别是常绿树移植较难成活,必须带土球栽植,而且要保证土球完整,如,雪松、木兰、桧柏、桂花等,有个别树种如牡丹,其根为肉质根,掘苗后要晾晒一段时间。

三、施工前的准备工作

1. 了解设计意图和工程概况

主要内容包括设计意图、工程范围和工程量、施工期限、工程投资、施工现场地上和地下情况、放线基点、材料来源、机械和运输条件等。

2. 现场踏勘

要了解现场土质、交通状况、水源和电源情况、地上设施以及生活设计的安排地方。

3. 编制施工计划

对工程任务全面计划安排,制订详细的施工计划(见第二节)

4. 施工现场准备

施工现场准备包括清理障碍物、整理现场、接通水源、电源,搞清地下管线等。

四、植树工程的施工工序

1. 整地

整地包括清运垃圾、整理地形、土壤改良或换土、深翻土壤、耙平土壤等措施。

2. 定点放线

定点放线是指根据设计图样按比例放线于地面,确定各种树木种植点的程序。

1)行道树的定点放线

它要求栽植位置准确,株行距相等。行道树的行位按设计的横断面规定的位置放线,以固定道牙内侧为定点依据,没有道牙的以路面中心线为依据,然后用皮尺或测量绳定出行位,再按设计定株距,最后用白灰点标出位置。

2)成片绿地的定点放线

成片绿地的设计栽植方式主要有两种:一是在设计图上标出单株的位置;二是只在图上标明栽植范围而无固定单株位置的成片树丛、片林。其定点放线有以下 4 种。

(1)平板仪定点放线法:适用于范围较大、基准点准确的绿地。

(2)方格网定点放线法:适用于范围大、地势平坦的绿地。

(3)交会法:适用于面积较小、现场建筑物等与设计图样相符的栽植地。

(4)目测法:用于设计图样上无固定点的树丛、树群的栽植。

3. 挖穴

挖穴的大小应根据苗木根系、土球直径和土壤情况来定,要大于根系或土球直径(一般应比根系或土球直径大 20~30 cm)。种植穴的形状为圆形(图 1-7-1-1),垂直下挖,保证上口和下底相等。

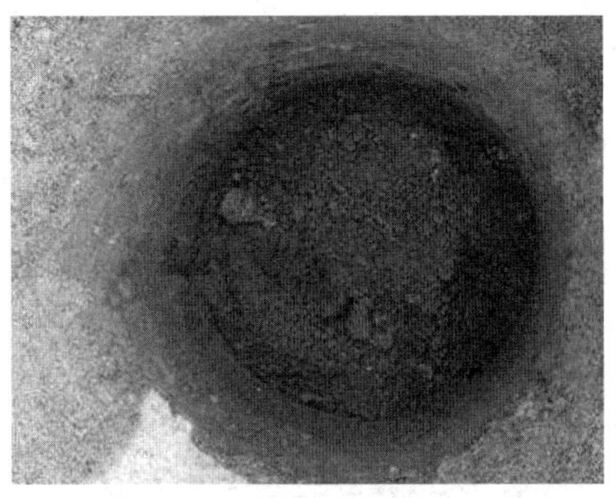

图 1-7-1-1　种植穴的形状

操作方法主要有手工操作和机械操作两种。要注意位置必须准确，规格要适当，挖出的表土和心土分开堆放在坑边。

4. 掘苗（起苗）

掘苗质量的好坏直接影响栽植苗木的成活，通常有两种掘苗方法：裸根掘苗和带土球掘苗。掘苗前要选好苗木，提前拢冠，用草绳将树冠捆扎（图 1-7-1-2）。

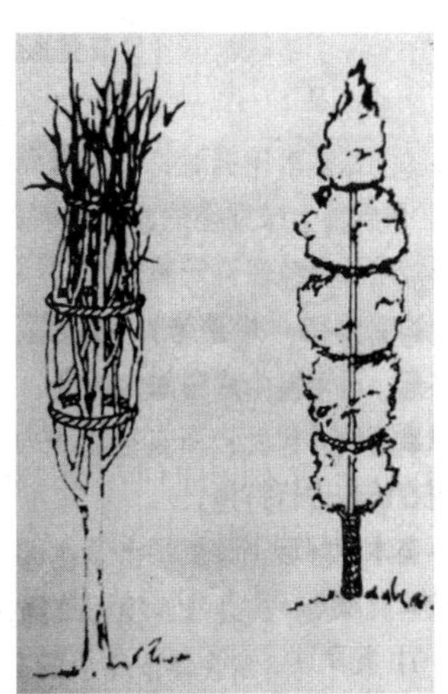

图 1-7-1-2　树冠捆扎

（1）裸根掘苗的根系规格一般按胸径的 4~6 倍（灌木按株高的 1/3），掘苗时绕苗四周垂直下挖到规定深度并将侧根全部切断，粗根用手锯锯断，然后在一侧深挖并轻摇苗木，找到主根并铲断，轻轻放倒苗木，打碎外围土块，要保证大根不劈裂。

（2）带土球的规格一般按胸径的 8~10 倍来挖。掘苗时首先将树干基部四周的浮土铲去约 10 cm，按土球大小画一圆圈，在圆圈外缘约 10 cm 处垂直下挖 60~80 cm 宽的沟，沟深也即土球厚度，一般为 60~80 cm（约为土球直径的 2/3），挖到深度便将土球修成苹果形，多余的根用锋利的锯或剪去除掉。再由底圈向内掏挖，直径小于 50 cm 的可直接将底部掏空，大于 50 cm 的土球，底部要保留一部分不挖，支撑土球，方便在坑内包装，包装好后再将底部掏空，轻轻推倒苗木，等待装车。挖好土球后应对土球进行打包处理，一般有扎草法（小型灌木)、蒲包法、捆扎草绳法(中小型土球)、麻绳包装法(用于大型土球)、纸箱包装法(用于扦插苗)、木箱包装法(用于块根、球根)等。

捆扎草绳要先打腰箍防止土球破碎(图 1-7-1-3)。

图 1-7-1-3 土球打腰箍

一般多采用橘子包法(图 1-7-1-4)、井字包法(图 1-7-1-5)、五角形包法(图 1-7-1-6)等。

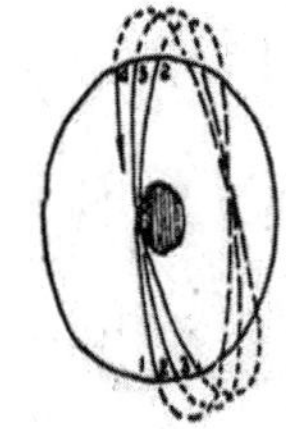
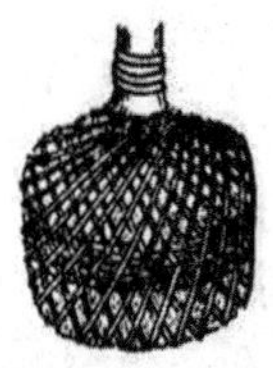

图 1-7-1-4 橘子包法示意图

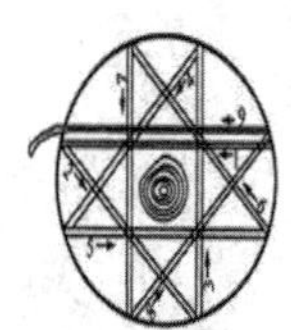

图 1-7-1-5 井字包法示意图

图 1-7-1-6 五角形包法示意图

5. 运苗、假植

苗木运输一般采用车辆运输,装运苗木时应使根部(包括裸根和带土球)向前,树梢在后,码放整齐,根部应放稳,垫平,装完后要将树干捆牢,在车箱后板处还要放垫层(麻袋或软布),树梢不能拖地,用绳子收拢。裸根还要用湿麻袋或毡布覆盖。灌木运输时可将苗木直立装车。

苗木运到后应立即栽植,裸根苗木必须当天栽植,且自起苗开始不宜超过 8 h。对不能及时栽植的苗木要采取假植或保湿处理。假植是在湿润且排水良好的地方挖一条假植沟,将苗木不去包装摆放在里面,靠紧并填埋上土,将根部埋实。假植时间较长的应适量浇水,保持土壤湿润。

6. 修剪

为保持苗木水分代谢的平衡,培养良好的树形及减少伤害提高成活率,栽植前要对苗木的根系和树冠进行修剪,将劈裂根、病虫根剪除,并且还要对树冠适当地修剪。

1)乔木修剪的规定

(1)具有中央领导干的树种(法桐、白蜡、杨类),应保持领导干的优势,适当疏枝。

(2)无明显主干的树种(槐、柳),对干径 10 cm 以上的苗木保留原树形适当疏枝,对

10 cm 以下的苗木，留几个侧枝进行短截。

（3）常绿乔木适量疏枝，摘叶。

（4）常绿针叶树不宜多修剪，只剪除病虫枝、枯死枝、下垂枝。

（5）行道树定干高度应大于 3.5 m，分枝点以下全部剪除，以上疏枝或短截。

2）灌木修剪的规定

（1）开花灌木不宜修剪。

（2）枝条茂密的灌木适量疏枝，外密内稀。

（3）根蘖发达的树种（黄刺玫、珍珠梅、玫瑰）应剪除老枝。

（4）用作绿篱的苗木，按设计要求整形修剪。

3）修剪的方法和要求

（1）高大乔木应于栽植前修剪，小苗、灌木可于栽植后修剪。

（2）剪口平滑，不劈裂，不留残桩。

（3）修剪时应先剪除枯枝、病虫枝、劈裂枝。

（4）枝条短截时应留外芽，剪口距留芽位置 1 cm。

（5）修剪直径 2 cm 以上的大枝级粗根时，截口要削平并涂枝腐剂。

7. 苗木栽植

1）裸根苗木的栽植

将苗木放入坑中扶直，调整苗木方向，然后填入表土，至一半时，将苗木轻轻提起，使根颈部与地表持平，根系自然下垂，然后用脚踩实，继续填土，直到与坑边稍高一些，再用力踩实。

2）带土球苗木的栽植

须先量好坑的深度，若坑深则填土，若坑浅则及时挖深。带土球苗木的栽植过程为“三埋二踩一提苗”，即先加入一半种植土，轻轻提一提苗木，若是小苗木则用脚踩实土，若是大苗木则用工具夯实土，再加入种植土，高度与地面持平，若是小苗木则用脚踩实土，若是大苗木则用工具夯实土，最后加入少量种植土，土面稍低于地面即可，最后一次加土不要踩实或夯实，以利于浇水工作。

3）注意事项和要求

（1）树身上下应垂直，行列式栽植必须横平竖直，如行道树树干应在一条线上对齐。

（2）树形丰满的一面应向外（以入口或人流来向为主）。

（3）栽植深度原则上应与原种植深度一致。带土球应与土球持平或稍高 2~3 cm，裸根苗木和竹类可比原种植深度深 5~10 cm，灌木应与吃土线痕迹持平。

（4）苗木栽植完后，应及时将捆扎树冠的草绳解开取下。

（5）珍贵树种、较难成活树种应及时采取树冠喷雾、树干保湿和树根喷施生根剂等措施。

8. 栽后养护管理

1）立支柱

为了防止苗木被风吹到，应及时立支柱支撑。生产上常用的方法有门字撑（图 1-7-1-7）、三角撑、四角撑（图 1-7-1-8）、双门字撑、人字撑、网状撑等。支撑用的材料有杉木杆、松木杆、竹竿、钢管、扎篾、麻绳、铁丝、套环套头、麻布等。一般是将支柱的一端与树干捆绑在一起，高度是树干的 1/3 或 1/2，另一端埋入地下。

图 1-7-1-7 门字撑

图 1-7-1-8 四角撑

2）开堰浇水

苗木栽好后，用心土在树坑外缘围起高约 15~20 cm 的圆形围堰并踩实（图 1-7-1-9）。然后当天浇第一遍水，水要浇透。次日浇第二遍水，浇水时要扶直苗木，及时补土。5~6 天后浇第三遍水。待浇完三遍水后应进行中耕封堰，封堰要用细土。

图 1-7-1-9 围堰

3）包裹、遮阴

新栽的苗木应用粗麻布或草绳包裹树干，以防树干干燥。遮阴的方法有全遮、半遮、伞形遮三种。

五、竹类与棕榈的移植施工

1. 竹类的移植

竹类能否移植成功主要是看能否发笋长竹。

（1）成活的关键：应带竹鞭（图 1-7-1-10）。

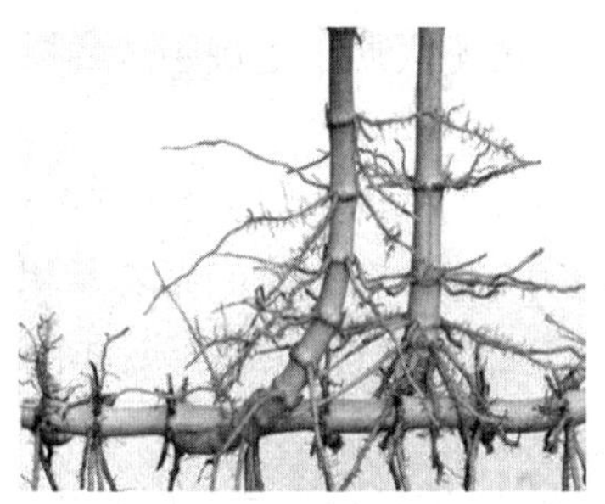

图 1-7-1-10　竹鞭

（2）移植季节：晚秋至早春，西北地区以早春为宜。

（3）挖掘：离母竹 30 cm 的地方破土找鞭，沿鞭的两侧开沟深挖，按来鞭 20~30 cm、去鞭 40~50 cm 的长度截断，将母竹和竹鞭一同挖出，带土 25~30 kg。

（4）栽植：深挖浅栽。

2. 棕榈的移植

棕榈、鱼尾葵、棕竹等常绿乔木或灌木，无主根，耐移植，易成活。

（1）移植季节：春季为宜。

（2）挖掘：棕榈的须根多集中在树干下 30~50 cm 处，挖出的土球大小为 40~ 60 cm，一般不包扎土球。

（3）栽植：不能深栽，注意排水。（栽棕垫瓦，三年可剐）

第四节　大树移植

胸径在 20 cm 以上的落叶乔木和胸径在 15 cm 以上的常绿乔木称为大树。但在实际绿化施工中，栽植胸径超过 10 cm 以上或者所带土球较大的树，靠人力不能完成的，需要借用机械帮助的也称为大树移植。

一、大树的选择

从理论上讲，只要时间掌握好，措施合理，任何树种都能进行移植。在实际园林绿化施工中适合大树移植的品种包括常绿乔木：桧柏、油松、白皮松、华山松、雪松、龙柏、侧柏、云杉、广玉兰、大叶女贞、石楠、桂花等；落叶乔木：国槐、栾树、白蜡、银杏、法桐、白玉兰（实生苗）、元宝枫、皂角等。选择时要注意以下几点。

（1）要选择接近施工地生境的树木，野生树主根发达，长势过旺，适应力差，不易成活。

（2）不同类别的树木，移植难易不同。一般灌木比乔木移植容易；落叶树比常绿树移植容易；扦插树或多次移植须根发达的树木比实生苗和肉质根类的树木移植容易；叶型细小的树木比叶少而大的树木移植容易；树龄小的比树龄大的树木移植容易。

（3）要考虑树木寿命，一般慢生树选用 20~30 年生的；速生树选用 10~20 年生的；中生树可选用 15 年左右生的；果树和花灌木为 5~7 年生的。一般乔木树高在 4 m 以上、胸径 12~25 cm 的最合适。

（4）应选择正常生长和无病虫害及机械损伤的树木。

（5）选树时要选择地势平坦坡度不大便于挖掘土球的树木。

二、大树最佳种植时间

从理论上讲，只要大树带有较大的土球，严格操作规范注意养护，任何时间树木都能进行移植。但实际在园林绿化施工中，最佳种植时间是春季树木发芽前这一段时间和秋季树木落叶后这一段时间。按西安地区的情况讲，大概是每年的 2 月中下旬到 3 月底，10 月中旬到 11 月底，全年不足 3 个月。

常绿树在移植时，由于树冠大，应该尽量在这段时间内栽植完成，落叶树一般采用抹头方式种植，基本不保留树冠，因此可以在非最佳时间种植。

三、大树成活的原理

树体保持以水分代谢为主的生理平衡是成活的关键。移栽过程中要保证树体中充足的含水量，确保树体新鲜，栽后要确保土壤与根系接触紧密。大树移植后，土球所带的根系有限，常绿树的光合作用非常弱，而采取抹头方式移植的落叶树几乎没有光合作用的能力，而移植后的大树需要支出水分和营养的地方很多，如伤口愈合、新根生长、新芽萌发、叶片蒸发、树体水分挥发等等。要保持树体生理平衡，就要使水分收入大于水分支出，那么采取增加水分收入的措施（保证土球完整、及时浇水、挂吊瓶补充水分）和降低水分支出的措施（修剪、遮阴、缠草绳、选择温度低时种植、使用生根粉促进新根形成）就非常必要。

四、断根缩坨、假活、回芽

1. 断根缩坨

又称回根法，根据树种习性和生长状况，在移植前 2~3 年的春节或秋季，分东西南北开沟断根，每年只断全部根系的 1/3~1/2，以干径的 3~4 倍为半径（比土球直径略小），成方或圆，向外开挖一条宽 20~40 cm，深 50~70 cm 的沟，促发新根。

2. 假活

树木新根未发育完成，而新芽新叶已开始生长的现象称为假活。假活是非常不好的现象，新芽新叶的生长会把树体本身的水分、营养消耗殆尽，新根发育得不到足够的水分和营养，最后导致树木死亡。发现假活时应尽快剪去新芽新叶。

3. 回芽

春季或夏初，新植树木正在生长的新芽突然萎蔫并慢慢干枯直至死亡的现象称为回芽。回芽同假活原理相同，都是根系未能正常生长发育造成的。发现回芽，只有重剪才有少许可能救活树木。

五、大树的装卸和运输

1. 装车

1）吊装

大苗木的吊装一般采用以下三种方式。

（1）直吊。在树干下部用麻绳或软布把树干缠好保护树干，并做成固定点，再把吊绳固定在固定点上，用吊车直接吊起树木，树木呈垂直状态，慢慢放入车厢内。直吊一般用于中小型土球（60~80 cm）的吊装。

（2）斜吊（图 1-7-1-11）。采用两根吊绳，主吊绳兜住土球，次吊绳固定在树干中下部，两根吊绳一起吊起，树木呈倾斜状，慢慢放到车上。斜吊一般用于中型土球（80~120 cm）的吊装。

（3）平吊（图 1-7-1-12）。采用两根吊绳，主吊绳固定于土球上，兜住土球，次吊绳固定在树干中部，两根吊绳一起吊起，树木呈水平状，慢慢放到车上。一般用于大型土球（120 cm 以上）的吊装。

图 1-7-1-11　斜吊法

图 1-7-1-12　平吊法

2）固定

土球靠紧车厢头部，树梢在车厢后部，土球两侧用装土的麻袋垫实，树干中央用三脚架支撑好并用麻绳绑在树干上，车厢后挡板上用麻袋或软布垫实，避免树皮损伤，整个车厢按前、中、后三部分用粗麻绳固定在车厢挂钩上，大树一车装一棵，稍微小点的一车可装 2 棵到 3 棵。

2. 运输

（1）中途不宜停留，停车要在阴凉处，裸根苗根上应覆盖湿毡布或湿麻袋、草袋等保持根部湿润。

（2）裸根苗不能超过 8 个小时，带土球苗超过 2 天不能栽完需要假植。

3. 卸车

在解开绑紧树干的麻绳后，对于损伤的枝条进行修剪，注意保护树皮，卸车与装车的操作方法大致相同。

六、大树移植中常用的技术措施

（1）选择在最佳种植时间内移植。春季越早越好，秋季越晚越好。

（2）尽量选择青年期的树木。

（3）选择适宜的土壤，可采用局部换土的方式改造土壤条件。

（4）尽量保证土球完整。包装物能去除多少就去除多少，以不破坏土球为原则。

（5）在大树移栽时，土球封土时要边填土边用木棍把填土捣实，确保土壤与根系接触紧密，避免有空隙存在而影响生根。

（6）控制好修剪量。地上部分枝条保留量要少于根系量是最理想的，“树有多大，根有多大”,修剪量不够常常是苗木死亡的主要原因。

(7)使用生根粉,促进新根的形成,恢复吸收水、肥的能力。要让树木成活,先要让根系伤口产生愈合组织,然后从愈合组织长出新根,只有新根发育、树木才算成活。

(8)合理浇水,见干见湿就可以,不喜水的树种水浇多了反而起反作用,如雪松。

(9)树干缠草绳,主要是为了减少水分蒸发,保护树干,防止日灼。

(10)遮阴,主要是为了降低光照强度,减少水分流失,降低温度,增加空气湿度,提高大树成活率。注意遮阴网不能直接盖在树冠上。

(11)树体外部给水,向树冠和树体上喷水(雾化),以降低树体的温度,减少蒸发量,另外由于细胞液的渗透压作用,还可以通过树冠及树体的表皮活细胞吸收水分,从而增加树体的含水量。

(12)树体内部补充水分和营养,挂吊瓶直接给树体补充水分和营养,加快树体双向传导,缩短养分和水分的输送时间,调控树体营养,增强光合作用的能力。生长前期仅限于补充水分,树木开始生长后可以补充一些营养。

(13)树体外部控水,对其叶面喷洒蒸腾抑制剂,以缩小叶片气孔的开张度,并在叶片和植株表面形成高分子控水透气膜,从而抑制水分、养分的蒸发和流失,减少高温灼伤和枝干抽条,增强植物抗性和自身免疫力,从而保证树体内充足的水分含量。

第五节 草坪建植施工

一、常见草坪草的分类及品种

1. 草坪草分类

1)按气候条件分类

按气候条件分类,草坪草可分为暖季型和冷季型。

暖季型草坪草主要分布在温湿或温干的南方地区,适宜的生长温度是25~35 ℃,夏季生长最旺盛,温度低于10 ℃就进入休眠期,主要有狗牙根、结缕草和野牛草等。

冷季型草坪草主要分布在冷湿或冷干的北方地区,适宜的生长温度是15~25 ℃,绿期比较长,温度高于30 ℃进入生长不适应期,主要有早熟禾、多年生黑麦草、高羊茅、翦股颖等。

2)按叶宽度和高度分类

按叶宽度和高度分类,草坪草可分为宽叶型、细叶型和高叶型。

宽叶型草坪草有高羊茅、结缕草等。细叶型草坪草有早熟禾、翦股颖、野牛草等。高叶型草坪草有高羊茅、黑麦草、早熟禾、翦股颖等。

3)按用途分类

按用途分类,草坪草可分为观赏型、普通型和固土护坡型。观赏型有天鹅绒、白三叶等。普通型有结缕草、早熟禾等。固土护坡型有结缕草、狗牙根等。

2. 草坪草的品种介绍

(1)黑麦草:质地柔软,耐践踏,不耐干旱不耐热,返绿早,发芽早,但夏季黄。

(2)结缕草:耐践踏,再生能力强,覆盖性好,绿期短。

(3)早熟禾:根发达,耐践踏,不耐干旱,耐寒不耐热,绿期长,是运动场的主要草种。

(4)剪股颖:抗寒、抗热能力强,能过夏,但返青慢。

(5)野牛草:匍匐茎,一般用在低养护区,如高速路、机场跑道上。

(6)狗牙根:匍匐茎,绿色浓,耐践踏,南方常用在球场上。

(7)高羊茅:抗干旱,抗热,耐践踏,耐瘠薄。

(8)天鹅绒:细叶结缕草,松软美观,抗干旱,耐寒耐荫不如结缕草。

(9)白三叶:适应性广,抗热耐寒,观赏性强。有人把它也归到冷季型里。

(10)沿阶草:麦冬,耐荫、耐热、耐寒、耐旱、耐湿,但不耐践踏。

3. 混播草

混播草一般由冷暖型草组成,由 2 种或 2 种以上的草坪草种子混合播种形成草坪,取长补短。暖季型怕冷,秋季可剪掉休眠的暖季型草,冷季型怕热,夏天来临前剪掉怕热的冷季型草。

例如:黑麦草 20% + 结缕草 80%;早熟禾 60%+ 黑麦草 10% + 高羊茅 30%。

混播的原则:颜色一致,互为利用,抗病性强,绿期长,耐荫耐践踏。

二、草坪建植施工

1. 整地

整地包括清除杂物、翻耕、平整、土壤改良、施基肥、排灌系统设置。

2. 常用方法

1)播种法

(1)挑选草种:一般有早熟禾、翦股颖、野牛草、结缕草等可以播种,播种前应进行种子消毒,可用福尔马林或高锰酸钾浸种,也可用专门的种子处理剂均匀喷洒。

(2)播种量:每平方米要有 10 000~20 000 粒,(小粒种子 15~25 g/m²;大粒种子 25~40 g/m²)。

(3)播种时间:冷季型草一般在春秋两季尤其在九月下旬播种,暖季型草适宜在春末夏初播种。

(4)常用方法:条播、撒播、点播、播种机播种。

(5)施工程序:一撒二耙三压四水。撒就是播撒种子,现在一般采用播种机喷播。耙就是轻轻耙平,将种子和土壤耙均匀。压就是压实,一般用磙子处理一遍。水就是喷水,水点要细,应慢慢浸透地面土层 10 cm 左右即可。

2)分栽法

(1)分栽是北方地区常用的方法,一般 1 m² 草坪可分栽成 5~10 m²,有两种形式:条栽和穴栽。

(2)施工工序:挑选、分割、栽植、压实、浇水。

3)直铺法

直铺法又称铺草皮块法。优点是形成草坪快,栽后易管理。常用的方法有密铺法、间铺法、条铺法和点铺法。

施工工序为挑选草源、铺放草块、压实、浇水。

第六节　立体绿化施工

一、垂直绿化

垂直绿化是利用攀缘植物的攀附特性绿化墙壁、栏杆、棚架、杆柱、阳台以及陡直点山石等处的绿化方式。

1. 垂直绿化的意义

(1)增加立面景观效果。

(2)占地少、见效快、绿化率高。

(3)弥补平地绿化的不足。

(4)增加城市及园林建筑的艺术效果。

2. 常见攀缘植物

(1)缠绕类:依靠自身缠绕支持物而攀缘。常见的有紫藤、牵牛、金银花、猕猴桃、茑萝、常春油麻藤等。

(2)卷须类:具有茎卷须、叶卷、花卷须、枝卷须等,依靠卷须攀缘。常见的有葡萄、葫芦、珊瑚藤、炮仗花等。

(3)吸附类:具有气生根或吸盘,依靠吸附作用而攀缘。常见的有爬山虎、扶芳藤、五叶地锦、中华常春藤、凌霄、美国凌霄、络石、绿萝、合果芋等。

(4)蔓生类:为蔓生悬垂植物,依靠细柔而蔓生的枝条攀缘。常见的有木香、藤本月季、蔷薇、非洲凌霄等。

3. 垂直绿化常用方式

1)花架式

此类花架一般多在公共园林中,常见的有两种。

(1)砼结构花架:适用植物有紫藤、木香等。

(2)木结构花架:适用植物有凌霄、美国凌霄等。

2)简易花架式

此类一般在单位、厂矿院中,多以钢结构为材料。适用植物有葡萄、金银花、猕猴桃、五叶地锦等。

3)棚架式

一般出现在居民小区、阳台、屋顶等处。适用植物有葡萄、金银花、茑萝、牵牛。

4)墙垣式

墙垣式又称附壁式,常出现在建筑物外墙、围墙等处。适用植物有爬山虎、常春藤、常春油麻藤、扶芳藤等。

5)篱垣式

篱垣式一般在篱架、栏杆、铁丝网等处,以花为主,高度有限,所以攀缘植物均可,常用的如藤本月季。

6）立柱式

立柱式一般出现在各种立柱处（立交桥高架桥立柱、灯柱），适用植物有爬山虎、五叶地锦。

4. 垂直绿化施工

一般在种植点或种植池栽植，后用竹竿或麻绳牵引（不含土建工程）。

二、屋顶绿化

屋顶绿化又叫屋顶花园，是指在建筑物的顶面建植植物。可以应用在几乎所有建筑物的顶部（除过陵墓），西安的钟鼓楼广场绿化就属于屋顶绿化，它最早起源于 2 500 年前的巴比伦空中花园，被称为七大奇迹之一。

1. 屋顶绿化的意义

（1）增加了绿化面积。

（2）有降温、防火的效果。

（3）能美化环境、净化空气。

2. 屋顶绿化的基本条件

（1）屋顶承重安全。

（2）屋顶防护安全。

（3）防风。

（4）蓄排水能力。

3. 屋顶绿化植物的选择

屋顶绿化植物应选择适应性强、抗旱、喜光、根系发达、浅根性、抗风能力强、不易倒伏的品种，原则上不种大乔木。

4. 屋顶绿化的方式

1）简易式屋顶绿化

土层厚度为 15~20 cm，种植草坪，不对游人开放，无防护栏。

2）一般式屋顶绿化

土层厚度为 30~40 cm，可种植小乔木、花灌木、草本植物、藤本植物，可修简易园路，对游人开放，加防护栏。

3）花园式屋顶绿化

土层厚度为 40~50 cm，可种植小乔木、花灌木、草本植物、藤本植物，可修园路、水池、喷泉、花架、假山，对游人开放，加防护栏。

5. 屋顶绿化施工工序

（1）施工前准备。

（2）清理屋顶。

（3）防渗处理。

（4）排水处理。

（5）修建园路、花坛。

（6）回填种植土。

（7）栽植植物。

6. 屋顶绿化种植区构造

一般屋顶绿化的层次由下到上分别是屋顶结构层、找坡层、蒸汽隔离层、防水层（二次防水）、分离滑动层（玻纤布或无纺布，防止粘连）、隔根层（橡胶或聚乙烯）、排蓄水层（3~7 cm 的珍珠岩 + 蛭石或排蓄水板 + 排水管）、过滤层（聚酯纤维无纺布）、基质层、植被层。

基质层一般的材料配比如下：

田园土：轻质土 =1：1；

腐殖土：蛭石：砂土 =7：2：1；

田园土：草炭：松针土 + 珍珠岩 =1：1：1：1；

轻沙壤土：腐殖土：珍珠岩：蛭石 =2.5：5：2：0.5；

轻沙壤土：腐殖土：蛭石 =5：3：2。

（湿密度不应超过 1 300 kg/m^3）

第二章　园林工程施工

第一节　园路工程施工

一、园路概况

1. 园路功能

(1)引导游览。

(2)组织交通。

(3)分隔空间。

(4)其他功能:通风、卫生保洁、植保、消防等。

2. 园路类型

1)按主要用途分类

按主要用途分类,园路可以分为以下三种。

(1)园林公路,是指以交通功能为主的通车园路,如环湖公路、盘山公路等。

(2)园景路,是指以适宜游人游览和赏景的游览性园路,如林荫道、草坪路、花径。

(3)绿化街道,是指主要分布在城市街区的绿化道路,可分为一板两带式、两板三带式、三板四带式、四板五带式等。

2)按重要性和极别分类

按重要性和级别,园路可以分为以下三种。

(1)主要园路,是指起骨干主导作用的园路,可步行,也可通车,宽度 4 m 以上。

(2)次要园路,是指支路或游览路,可步行或非机动车通行,宽度为 2~4 m。

(3)游憩小路,是指供游人散步赏景用的园路,只可步行,宽度 0.7~1.2 m。

3)按路面材料分类

按路面材料,园路可以分为以下四种。

(1)整体路面,包括砼路、沥青路。

(2)块料路面,是指各种块状材料(花岗岩、青石、石板、水泥砖)铺装的路面。

(3)碎料路面,是指各种碎石、瓦片、卵石、透水沥青等铺装的路面。

(4)简易路面,是指用煤渣、三合土、砂石铺的临时性路面。

4)按筑路的形式分类

按筑路的形式,园路可分为平道、坡道、石梯蹬道、栈道、索道、缆车道、廊道等。

3. 园路平面构成

园路主要由车行道、人行道、路肩、道牙、绿带、边沟、暗沟等构成。

4. 园路立面构成及坡度

园路立面由路基和路面构成。路面又包括垫层、基层、面层三部分。

园路的路面横向坡度又称路拱。其作用是使路面上的水迅速排向边沟,横坡坡度一般为 2%~3%。

二、园路工程施工

园路工程主要施工顺序是施工前的准备、施工材料准备、定点放线、开挖路槽、地基施工、铺筑垫层、铺筑基层、铺筑结合层、安装道牙、铺筑面层、清场养护。

铺筑面层根据所用材料的不同而方法不同。

(1)土路:用当地的土铺筑,作为临时性道路。面层土壤的厚度为 10 cm 左右,铺好后用压路机压几遍压实。

(2)草路:在排水良好、游人不多的地段,选择耐践踏的草种。在路槽上面铺一层煤渣或砂以利排水,然后放入营养土,最后撒草种或铺草皮。

(3)碎石路:用 2~7.5 cm 的石料加泥结合做成路面。先铺设基层,一般用砂做基层,厚 20~25 cm,用压路机压几遍,然后填入碎石加泥平整压平,一般面层厚度为 14~20 cm。

(4)砖路:基层用砂或碎石铺筑,其上铺 3~5 cm 厚的砂或三合土,然后铺砖。

(5)预制水泥板路:一般用作次级路或步行路,路基只做夯实处理,上面铺上砂或煤渣做垫层(2 cm 厚),就可铺设水泥板,板块之间不能松动,必要时用水泥砂浆填缝。

(6)冰纹路面:是用边缘挺括的石板模仿冰裂纹的地面,石板间的接缝用水泥浆勾缝,也可现浇混凝土,摸印冰裂纹图案,表面拉毛效果也好。

(7)卵石路(图 1-7-2-1):分预制和现浇两种,预制的铺设方法同水泥板。现浇卵石路的施工方法为:先垫 75 号水泥砂浆约厚 3 cm,再铺一层水泥素浆约厚 2 cm,待素浆稍干即插入卵石,可摆出各种图案,石块间要嵌紧,注意卵石大小、扁圆要相配。

(8)花岗岩、青石路(图 1-7-2-2):基层上铺干性混凝土 1∶5 压实,然后在花岗岩或青石上抹一层水泥,放入后用胶皮锤砸实。

图 1-7-2-1 卵石路

图 1-7-2-2 花岗岩、青石路

(9)水泥混凝土路:是用水泥、砂、碎石加水混合凝固而成的,一般厚度为 10 cm 左右。铺筑时要先钉模板,每隔 5 m 要留一条伸缩缝防热胀冷缩,然后把混凝土倒入模板内振捣后填平抹面,两周内要保持湿润,拆去模板后要到 28 d 才可通行。

第二节　假山工程施工

假山是以土、石为主要材料,艺术提炼、人工造筑的山水景观。因材料不同,假山分为土山、石山、带土石山、带石土山等。因景观特征不同,假山可分为仿真性、写意性、透漏性、实用性、盆景性。按施工方式,假山可分为筑山、掇山、凿山、塑山。

置石是以山石为材料,做独立性或附属性的造景布置。选石应选具有"透、漏、瘦、皱、丑"等特点的山石,主要形式有特置、散置、对置、群置、山石器设和山石花台等。

一、假山的功能与作用

(1)作为自然山水园的主景和地形骨架。

(2)划分空间或组织空间。

(3)点缀园林空间。

(4)起实用性小品的作用。

二、常用石材的种类

(1)湖石:包括太湖石、房山石、英石、宣石、灵璧石、仲宫石。

(2)黄石。

(3)青石。

(4)石笋石。

(5)钟乳石。

(6)斧劈石。

(7)砂积石。

(8)黄蜡石。

三、假山工程施工

假山施工具有再创造性。在大中型的假山工程中,既要根据假山设计图进行定点放线以便控制各部分的立面形象和尺寸关系,又要根据石材的形状、大小、颜色、皴纹特点在细部造型和技术处理上有所创造和发挥。小型假山和置石工程可不进行设计,在施工中临场发挥。

1. 主要工序

(1)施工准备:①熟悉设计;②准备工具和材料;③运石;④选石;⑤清洗。

(2)假山定位于放样:①审阅图纸;②实地放样。

(3)基础施工:①浅基础施工;②深基础施工;③桩基础施工;④二次放样。

(4)假山山脚施工:①拉底;②起脚;③做脚。

(5)山石的吊装与堆叠:①山石的吊装与运输;②堆叠中层;③收顶。

(6)山石固定:①支撑;②捆扎;③刹垫。

(7)山石勾缝和胶结。

(8)假山上的植物配置。

2. 质量要求

(1)假山艺术形态要美观,达到虽由人做,宛如天成。

(2)要求外观饱满,结构稳定,勾缝自然。

第八部分　园林绿化养护管理知识

第一章　园林绿化养护

第一节　概述

一、养护管理的意义

俗话说“三分栽植,七分养护”。养护工作没做好会使花很大成本建造的园林景观不能很好地保持,造成很大的浪费。养护管理严格说来,包括两方面的内容:一是“养护”,根据不同园林树木的生长需要和某些特定的要求,及时对树木采取如灌水、中耕除草、施肥、修剪、防治病虫害等园艺技术措施;二是“管理”,如看管围护、绿地的清扫保洁等园务管理工作。

二、常见园林术语和定义

乔木:主干明显而直立,树体高大的木本植物。

灌木:树体矮小,无明显主干或枝干丛生的木本植物。

藤本植物:依靠缠绕或攀附他物而向上生长的木本或草本植物。

草坪:草本植物经人工种植或改造后,具有观赏效果,并能供人适度活动。

行道树:沿道路或公路旁种植的乔木。

地被植物:株丛密集、低矮、用于覆盖地面的植物。

绿篱:成行密植,作造型修剪而形成的植物墙。

修剪:对苗木枝干和根系进行疏除或短截。

灌溉:为调节土壤温度和土壤水分,满足植物对水分的需要而采取的人工引水浇灌的措施。

施肥:在植物生长和发育过程中,为补充所需的各种营养元素而施用肥料的措施。

除草:植物生长期间人工或采用除草剂去除目的植物以外杂草的措施。

病虫害防治:对各种植物病害、虫害进行预防和治疗。

园林植物养护管理:对园林植物采取灌溉、排涝、修剪、防治病虫、防寒、支撑、除草、中耕、施肥等技术措施。

黄土不裸露:利用草坪等地被植物或树皮等其他材料,对绿地内和树冠下的裸露土地进行覆盖,以期达到绿化、美化、抑尘和保墒的目的。

第二节　园林绿地养护管理的质量标准

为了加强城市园林绿地养护管理,进一步提高园林绿化管理水平,特此提出了城市园林绿地养护等级新的质量标准、技术措施和要求。

一、行道树养护管理质量标准

1. 一级标准

（1）整条街道行道树按规划要求种植，新栽树木成活率在 90% 以上，保存率达 85% 以上。

（2）行道树定干高度 3.2 m 以上，主、侧枝分布均匀，树冠大小整齐一致。新栽行道树在栽后 3 年内完成树冠的修剪工作。

（3）树冠美观，树干笔直，无偏冠现象，每年按时进行夏季和冬季修剪，树冠通风透光良好，无枯、死、病虫枝，无扰乱树形枝，无丛生纤弱枝，生长期间枝条不碰撞架空线，不影响路灯照明。

（4）及时中耕除草，珍贵树木冬季要施基肥，旱季浇透水，雨后根际无积水，树木周围的土壤疏松、湿润、无杂草，新栽树木在三年内每年能结合抗旱施薄肥 2~3 次。

（5）进行病虫害预测预报，及时防治、以防为主，树木生长旺盛，无明显病虫害症状。

2. 二级标准

（1）整条街道行道树按规划要求种植，新栽树木成活率在 85% 以上，保存率达 80% 以上。

（2）行道树定干高度 3.2 m 以上，主、侧枝分布均匀。

（3）每年按时进行夏季和冬季修剪，树冠通风透光良好，无枯、死、病虫枝，树冠较美，基本无偏冠现象，树干风倒后及时扶正，无丛生纤弱枝，不影响路灯照明。

（4）及时抗旱、排涝、松土除草，雨后根际无积水。

（5）进行病虫害预测预报，及时防治病虫害，无明显病虫害枝。

3. 三级标准

（1）整条街道行道树按规划要求种植，新栽树木成活率在 80% 以上，保存率达 75% 以上。

（2）行道树定干高度 3 m 左右，主、侧枝分布均匀，可有部分偏冠现象，能及时扶正风倒树。

（3）每年按时进行夏季和冬季修剪，基本无枯、死、病虫枝，无丛生纤弱枝，生长期间枝条不碰撞架空线。

（4）做好中耕除草、抗旱排涝等工作。

（5）进行病虫害预测预报，及时防治病虫害，使用农药无明显药害。

二、绿地、游园的养护管理质量标准

根据绿地、游园所处位置的重要程度和养护管理水平的高低，将绿地、游园的养护管理分成四个等级，由高到低分为特级标准、一级标准、二级标准、三级标准（见表 1-8-1-1）。

表 1-8-1-1 绿地、游园的养护管理质量标准

	特级标准	一级标准	二级标准	三级标准
1. 绿化养护措施	完善，管理得当，植物配置合理，黄土不裸露	绿化充分，植物配置合理，黄土不裸露	绿化较充分，植物配置基本合理，黄土基本不裸露	基本充分，配置一般黄土裸露不明显
2. 园林植物生长情况	1. 生长健壮，新栽绿地 2 年内达到正常形态。 2. 园林树冠完整美观，分支点合适，修剪科学合理，内膛不乱，通风透光，花灌木修剪及时，绿篱色块修剪及时。行道树无缺株，绿地内无死树。 3. 落叶树新梢生长健壮无黄叶、焦叶、卷叶、正常叶片保存率 95% 以上，针叶树针叶宿存 3 年以上。结果枝条 10% 以下。 4. 花坛、花带轮廓清晰，整齐美观，色彩艳丽，无残缺，无残花败叶。 5. 草坪及地被植物整齐，覆盖率 99% 以上，无杂草。草坪绿色期，冷季型草不少于 300 天；暖季型草大于 210 天，每年修剪 15 次以上。 6. 病虫害控制及时，园林树木无蛀干害虫的活卵、活虫。园林树木主干、主枝上平均每 100 cm² 蚧壳虫的活虫数小于 1 头，较细枝条平均 30 cm² 小于 2 头，叶片上无虫粪虫网，被虫咬叶片每株不得超过 2%	1. 生长正常，新栽绿地 3 年内达到正常形态。行道树基本无缺株 2. 叶子健壮，叶色正常无黄叶、焦叶、卷叶，叶上无虫粪虫网，被啃咬叶片小于 5%。 3. 枝干健壮，无明显枯、死枝条。 4. 无蛀干害虫的活卵、活虫，园林树木主干、主枝上平均每 100 cm² 蚧壳虫的活虫数小于 1 头，较细枝条平均 30 cm² 小于 5 头。 5. 草坪覆盖率 100% 以上，杂草控制在 10% 以内。冷季型草每年修剪 15 次以上。 6. 绿地内无死树	1. 生长势正常、叶子正常新栽绿地 4 年内达到正常形态。 2. 行道树缺株小于 1%。 3. 叶上无虫粪虫网，被啃咬叶片小于 10%。 4. 蛀干害虫 2% 以下，每 100 cm² 蚧壳虫的活虫数小于 2 头，较细枝条每尺小于 10 头，株树 4% 以下。 5. 草坪覆盖率 95% 以上，杂草控制在 20% 以内，冷季型草每年修剪 10 次以上。 6. 绿地内无死树	1. 生长势基本正常，叶子基本正常，基本无黄叶、焦叶、卷叶，叶上虫粪虫网小于 10%，被啃咬叶片小于 20%。 2. 蛀干害虫 10% 以下每 100 cm² 蚧壳虫的活虫数小于 3 头，较细枝条每尺小于 15 头，有虫株数 6% 以下，行道树缺株小于 3%。 3. 草坪覆盖率 90% 以上，杂草控制在 30% 以内，冷季型草每年修剪 6 次以上。 4. 绿地内无明显死树
3. 垂直绿化	及时牵引，设网架等技术措施，覆盖率大于 90%，适时开花，花繁色艳			
4. 绿地整洁，无杂物	绿化垃圾随时清运，巡视保洁	绿化垃圾随产随清，经常保洁	日产日清，节假日突击清理	主要路段日产日清，节假日突击清理
5. 园林设施	栏杆、园路、桌椅、路灯、井盖、标识牌完整、安全、维护及时	设施完整，及时维护	基本完整、维护及时	比较完整，能维修
6. 绿地完整	无堆物、堆料、搭棚树干上无钉拴刻画现象，行道树 2 m 无杂物影响生长和养护管理的现象	无明显人为损害	无严重人为损害，能及时发现处理问题	对人为破坏及时修理

三、草坪的养护管理质量标准

草坪养护管理质量标准未分级，达到下面标准即可达标。

（1）草坪绿叶期较长且绿叶期基本一致、整齐。北方地区冷季型、暖季型草坪绿叶期分别为 260 天、150 天左右。

（2）草坪覆盖率达到 80%~90%。

（3）草姿优美、外观高度一致。

（4）色泽近似，整体为绿色，避免由于肥力不均产生的黄绿相间。

（5）根、根茎、匍匐茎等固着能力强，并具有较好的弹性。

（6）杂草数量不超过 5%。

（7）经常修剪，保持草坪高度不超过 10 cm。

（8）叶部病害感病率低于 5%，很少有地下害虫或食叶害虫发生。

（9）草坪有整齐的线条和明显的边界。

第三节　园林树木养护管理

园林树木养护管理主要包括道路、绿地、公园、广场等绿地内的乔木、花灌木、草坪等植物材料养护管理。园林树木养护管理的主要内容包括灌溉与排水、中耕锄草、施肥、整形修剪、病虫害防治等。

一、灌水与排水

（一）灌水对树木生活的影响

1. 水分对树木的作用

（1）水是细胞原生质的主要成分之一 。

（2）水分能保持树木叶片的一定姿态。

（3）水有调节树体体温作用。

（4）水分具有代谢作用。

（二）灌溉

1. 灌溉的含义

生活在土壤上的树木，当土壤含水量适合树木吸收需要时，生长得最好；相反，土壤含水量很少，不能满足树木吸收需要，树木生长就差。短期水分亏缺会造成“临时性萎蔫”，树叶表现出发蔫，一旦补充了水分，树叶又会恢复过来，而长期缺水，超过树木所能忍耐的限度后，就会造成“永久性萎蔫”，即缺水死亡。

树木生长所需要的水分，主要是由根部从土壤中吸收的。当土壤含水量消耗过大不能满足树根的一定吸收量时，或在地上部分的水量消耗过大的情况下，都应设法人工供水，这种人工补充水分供应的措施，叫“灌概”。

2. 灌水的顺序

灌水往往受设备及人力的限制，因此，必须分轻重缓急来进行。对新栽的树木、小苗、灌木、阔叶树需要优先灌水，因为新植树木、小苗、灌木的树根较浅，抗旱能力较差。阔叶树蒸发量大，其需水量大，所以要优先。对去年以前定植的树木、大树、针叶可后灌。夏季高温季节，久旱无雨时，树叶易发黄或早落，应注意灌水。对叶质纤细的红枫等树木，缺水时可于日落后、日出前行叶面喷水。如遇冬季少雪、春旱多风，雨季前应多灌水。

夏季是树木生长的旺季，需水量很大。但中午阳光直射、天气炎热时，最好不要浇灌温度太低的冷水。因中午土温正高，一灌冷水，土温骤降，造成根部吸水困难，引起生理干旱，甚至会出现临时萎蔫。夏季中午,叶面喷水也不好。至于其他季节,问题不大。南方冬季则应中午灌水。

3. *灌水量*

对于灌水量应适当掌握。水量太少,多次过浅,使根趋于地表分布,且表土易干燥,起不到抗旱作用。相反,灌水量太大,多次大水漫灌,会使土壤板结,通气不良,影响树根生长;同时土壤中的肥料就会随水流失,甚至在有些地方会由于水分过多渗入,把深层的可溶性盐碱因蒸发带到土面上来,造成土壤反碱。这样会长期影响树木生长,特别是在北方地势低洼之处,更应注意这个问题。所以最好采取小水灌透的方法,使水分缓慢地渗入土中。有条件的应推广喷灌和滴灌技术。

总之,树木因树种习性、不同年龄时期、不同物候期需水不同;在不同的气候、土壤条件下,需水也不同。因此必须根据树木生长需要,因树、因地、因时制宜,进行合理灌溉。

4. *灌水方法和质量要求*

1)灌水年限

树木定植成活以后,一般乔木需要连续灌水数年;华北等旱地约需灌水 3~5 年,灌木至少灌水 5 年,土质不好之处或树木因缺水而生长不良以及干旱年份,则应延长灌水年限,直到树木根系扎深、不灌水也能正常生长时为止。

2)一年中灌水次数

一年中灌水次数因树木类别、当地气候和土壤特点而异。名贵树、果木,每年应多次灌水。一般树木应争取每年最需要时灌水一次。气候较旱的年份和土质不好或因缺水生长不良者,应增加灌水次数。西北旱地,每年灌水次数,则应更多些。

3)灌水量

灌水量因树种、植株大小、生长状况、水源、气候、土壤等而异,应依据树木的需水量和环境条件决定灌水量,既要满足树木生长需要,也要考虑节约用水。

4)可用的水源

可用的水源包括自来水、井水、河湖池塘水、工业及生活废水(为了节约用水,有人建议用工业生产和人民生活中排放污水作灌溉用。但是,目前尚无条件作净化处理的水,必须经过化验,确实不含有害、有毒物质才能用,否则决不可作灌溉用)。

5)常用的引水方式

常用的引水方式包括人工担水或水车运水(人力水车、机动水车)、胶管引水、渠道引水、明渠、暗渠、自动化管道引水(喷灌、滴灌的管道引水)。

6)灌水方式

(1)单堰(或叫树盘、水圈)灌溉:每株树开一单堰,适用于株行距较远、地势不平的绿地和人流较多的行道树。此方法灌溉可以保证每株树都能均匀地灌足水。

(2)畦灌(连片堰):几株树连片开成大而宽堰,进行灌水的方法,叫作“畦灌”。畦灌适用于株行距较密、地势平坦、水源充足、人流较少的地方。畦灌水量足,但必须保证堰内地势平坦,否则水量不均匀。

(3)喷灌:即用水管引水进行人工降雨。

(4)滴灌:用细水管引水到树根部,用自动定时装置控制水量和时间,保证水分定时一滴滴地滴入树根。这是一种正在推广的合理灌水方式。

7)质量要求

灌水堰一般应开在树冠垂直投影范围,不要开得深,以免伤根。堰壁培土要结实,以免被水冲塌。堰底地面平坦,保证渗水均匀。但对于树冠特别宽大或过于窄小的树种,如龙柏、桧柏等以及四周有铺装的情况下,开堰规格则应灵活掌握。水量足、灌得匀是最基本的质量要求。若发现塌陷漏水现象应及时用土填严,再补灌一次。待水全渗入土表面稍干后,应及时封堰(盖细土)或中耕。中耕和封堰切断了土壤毛细管,有利保墒,否则水分会很快蒸发。通过中耕还可以把堰内的杂草清除。

(三)排水

常用的几种排涝方法如下。

1. 地表径流法

开建绿地时,就应考虑排水问题,需将地面整成一定坡度,以保证雨水能从地面顺利流到河、湖、下水道而排走。这是绿地最常采用的排涝方法,既节省费用又不留坑洼死角。

2. 明沟排水法

此法适用于大雨后抢救性地排除积水,或地势高低不平、实在不好实现地表径流的绿地。明沟的宽窄视水情而定,沟底坡度一般以 0.2%~0.5% 为宜。

3. 暗沟排水

在地下埋设管道或用砖砌长暗沟将低洼处的积水引出。此法可保持地面原貌,又便利交通,节约用地,唯造价较高。

二、施肥

城市园林绿地土壤一般较为贫瘠,通过施肥主要解决以下三个问题。

(1)供给树木生活所必需的养分。

(2)改良土壤性质。特别是施用有机肥料,可以提高土壤温度;改善土壤结构,使土壤疏松并提高透水、通气和保水性能,有利于树木根系生长。

(3)为土壤微生物的繁殖与活动创造有利条件,进而促进肥料分解,改善土壤的化学反应,使土壤盐类成为可吸收状态,有利树木生长。

三、中耕除草

园林土壤因浇水、降雨、人畜走动而板结,致使土壤中空气不足,透水不良,从而影响树木根系发育与养分的供应。因此需适时进行中耕和松土。一般大乔木 2~3 年中耕松土一次,小乔木或灌木隔年松土一次。中耕时间以秋冬树木休眠期为好,中耕范围以树冠垂直投影为限,深度为 10~20 cm,夏季中耕深度宜浅,主要结合除草进行。

第四节　园林树木的修剪

一、修剪的概念

修剪的定义有广义和狭义之分。狭义的修剪是指对树木的某些器官(如枝、叶、花、果等)加以疏删或短截,以达到调节生长、开花结实的目的。广义的修剪包括整形。所谓“整形”,是指用剪、锯、捆扎等手段,使树木长成栽培者所期望的特定形状。现习惯将二者通称为“整形修剪”。

二、修剪的目的与作用

1. 促控生长

树木地上部分的大小与长势如何,决定于根系状况和从土壤中吸收水分、养分的多少。通过修剪可以剪去地上部不需要的部分,使养分、水分、集中供应留下的枝芽,促使局部的生长,但修剪过重,则对整体又有削弱作用,这叫“修剪的双重作用”。但具体是促还是抑,因修剪的方法、轻重、时期、树龄、剪口芽的质量而异。因而可以通过修剪来恢复或调节均衡树势,既可促使衰弱部分壮起来,也可使过旺部分弱下来。对潜芽寿长的衰老树或古树,适当重剪,结合施肥浇水,促潜芽萌发,可以更新复壮。

2. 培养树形

我国园林中的树木,多采用自然树形,为维持这些树形,需要适当修剪。对于上有架空线,下有人流、车辆交通的行道树,则需要整修成适合的树形。还有因园林艺术上的需要,将树整修成规则或不规则的形状。

3. 减少伤害

通过修剪可以剪去生长位置不恰当的密生枝、徒长枝及带有病虫的枝条,以保证树冠内部通风透光,也可避免相互摩擦而造成的损伤。夏季多风雨,尤其沿海有台风侵袭的地区,为减轻迎风面积,可以对树冠进行疏剪或短截,以免被风吹倒。

4. 调节矛盾

在城市中,由于市政建筑设施复杂,常与树木发生矛盾。特别是行道树,上有架空线,下有管道、电缆等。还有影响车辆交通问题,如有些树枝触挂电线,下垂枝妨碍车行等,都要靠修剪来解决。

5. 促始开花结果

对于观花、观果或结合花、果生产的树种,可以通过修剪调节营养生长与花芽分化,促使提早开花结果,克服花果大小年,获得稳定的花果产品或提高观赏效果。

三、整形修剪的依据与类别

(一)整形修剪的依据

1. 根据园林的功能要求

根据园林应用中不同的目标、要求进行修剪。

2. 根据树木的分枝规律与生长特性

树木的分枝方式不同,所形成的树体骨架不同,其冠形也就不同。而且分枝方式随着树龄增大而改变,树形也就改变。不同类别的树木(乔木、灌木、藤本)有潜伏芽的和无潜伏芽的，其枝芽特性（如萌芽力、成枝力、顶端优势等）不同，修剪反应也就不同。另外树木对光照要求，枝条硬度与分枝角度（对大风的反应），树皮厚薄对日灼的反应等，与修剪都有关系。

3. 根据树木与环境的关系

如行道树受街道走向、两旁建筑、架空线等影响的情况不同，修剪也就不同。孤植树与片林，其修剪也不同。

（二）整形修剪的类别

1. 自然形修剪

各种树木都有它的一定树形，一般说来，自然树形能体现园林的自然美。以树木分枝习性、自然生长形成的冠形为基础进行的修剪，称为“自然形修剪”。中干明显的树种，如雪松、水杉等，对中央领导枝不能截头，为构成庭园景色的某些针叶树，要求干基枝条不光秃（不脱脚），对下部枝不应剪去，只对扰乱树形的枝条、病虫枝、枯枝、过密枝等作些整修。对观形、观叶的孤赏树，均可按此法修剪。

2. 几何形体修剪

最常见的是绿篱的几何形体修剪，少见有绿雕塑的修剪。

四、园林树木修剪的时期与方法

（一）修剪时期

分为休眠期修剪与生长期修剪。前者于树液流动前进行。其中有伤流的树应避开伤流期。抗寒力差的，宜早春修剪。易流胶的树种，如桃树、槭树等，不宜在生长季修剪。生长季修剪还包括剥芽、摘心、去残花、摘果等。

（二）方法

1. 剥芽

在树木萌芽的初期，徒手剥去枝干无用的芽，叫剥芽，（又叫抹芽、摘芽）。

剥芽时，应注意选留分布和方向合适的芽。对有用的芽注意保护、不可损伤。为了防止留下的芽受到意外的损伤，影响以后发技，每枝条上应多保留 1~3 个后备芽，待发枝后再次选择疏剪。

2. 去蘖

除去主干上或根部萌发的无用枝条，叫“去蘖”。蘖枝幼嫩时可徒手去。已经木质化的，则应用剪子剪或平铲铲。但要防止撕裂树皮或遗留枯桩。去蘖应尽早。在江南，园林木养护中，也将去蘖归入“剥芽”。

3. 疏枝

把无用的枝条，于枝基齐着生部位剪去，称“疏枝”。乔木疏枝，剪口应与着生枝干平齐，不留残桩。簇生枝及轮生枝需全部疏去者，应分次进行。即间隔先疏去其中一部分，待伤口愈合后，再疏去其他的枝条，以免伤口过大影响树木生长。

4. 短截

截去枝条的先端一部分或大部分，保留基部枝段的剪法，叫“短截”。剪去的部分与保留部分的比例，根据不同需要而定。剪口的位置应选择在适合的芽上约 0.5 cm 处，空气干燥地宜适当长留；潮润地区可短留。剪口应成斜面并要平齐滑光，选择的剪口芽一定要注意新芽发枝条适合的方向。对多年生枝的短截，叫回缩（或缩剪），多在更新复壮时采用。

另外，在树木生长季节，除去枝条先端嫩梢，称为“摘心”，也属短截范围。

5. 锯截大枝

对比较粗大的枝干，进行短截或疏枝时，多用锯进行，必须注意以下几个问题。

（1）锯口应平齐，不劈不裂。对落叶乔木，为避免锯口劈裂，可先在确定锯口位置稍向枝基处，由枝下向上方锯一切口，切之深度为枝干粗的 1/5~1/3（枝干越成水平方向，切口就应越深一些），然后再在锯口从上向下锯断，就可以防止枝条劈裂。也可分二次锯，先确定锯口外侧 15~20 cm 处按上法锯断，再在锯口处下锯。最后修平锯口，涂以保护剂。对常绿针叶树如松等，锯除大枝时，应留 1~2 cm 短桩（茬）。

（2）在建筑及架空线附近，截除大枝时，应先用绳索将被截大枝捆吊在其他生长牢固的枝干上，待截断后慢慢松绳放下，以免砸伤行人、建筑物和下部保留的枝干。

（3）对于基部突然加粗的大枝，锯口不要与着生枝平齐，而应稍向外斜，以免锯口过大。

（4）欲截去分生两个大枝之一，或截去枝与着生枝粗细相近者，不要一次齐枝基截除，而应保留一部分，宜将侧生分枝以上的部位截去，过几年待留用枝增粗后，再将暂留枝段全部截除。

（5）对于较大的截口应抹防腐剂保护，以防水分蒸发或侵朽及病虫滋生。目前多用的调和漆效果并不好，应使用树木专用伤口涂抹剂。

6. 抹头更新

对于一些无主的乔木如柳、槐、法桐等，如发现其树冠已经衰老，病虫严重，或因其他损伤无发展前途而主干仍很健壮者，可将树冠自分枝点以上全部截除，使之重发新枝，叫“抹头更新”。主枝基部完好者应保留并剥芽，不使萌枝族生枝顶，出现分枝处积水易腐朽等毛病。此法也适用于一般灌木，但不适用于萌芽力弱的树种。

五、不同栽植类型树木的修剪要点

（一）成片树林的修剪

（1）对于杨树、油松等主轴明显的树种，要尽量保护中央领导枝。当出现竞争枝（双头现象），只选留一个；如果领导枝枯死折断，树高不足 10 m 者，应于中央上选一个较强的侧嫩枝，扶直，培养成新的中央领导枝。

（2）适时修剪主干下部侧生枝，逐步提高分枝点。分枝点的高度应根据不同树种、树龄而定。同一分枝点的高度应大体一致，而林缘分枝点应低留，使呈现丰满的林冠线。

（3）对于一些主干很短，但已长大、不能而再培养成独干的树木，也可以把分生的主枝当作主干培养，逐年提高分枝，呈多干式。

（二）行道树的修剪

行道树以道路遮阴为主要功能，同时有卫生防护（防尘、减轻废气污染等）、美化街道等作用。行道树所处的环境比较复杂，首先多与车辆交通有关系；有的受街道走向、宽窄，建筑高低等影响；在市区，尤其是老城区，与架空线多有矛盾，在所选树种合适的前提下需通过修剪来解决这些矛盾，达到冠大荫浓等功能效果。

为便利交通，行道树的分枝点一般应在 3.2 m 之上，以防枝刮车辆。郊区公路行道树，分枝点应高些，视树木长势而定。其中高大乔木的分枝点甚至可提到 4~6 m。同一条街的行道树，分枝点最好整齐一致，起码相邻近树木间的差别不要太大。为解决与架空线的矛盾，除选合适的树种外，多采用杯状形整枝来避开架空线。每年除进行休眠期修剪外，在生长季节与供电、电信部门配合下，随时剪去触碰线路的枝条。树枝与电话线应保持 1 m 左右，与高压线保持在 1.5 m 左右的距离。

为避免因狭窄街道、高层建筑及地下管线等影响，所造成的行道树倾斜、偏冠，遇大风雨易倒伏带来的危险，应尽早适当重剪倾斜方向枝条，对另一方向枝条只要不与电线、建筑有矛盾，应行轻剪，以调节生长势，能使倾斜度得到一定的纠正。总之，行道树通过修剪，应做到：叶茂形美遮阴大，侧不堵窗、不扫瓦，下不妨碍车人行，上不碰架空线。

1. 杯状形修剪法（如图 1-8-1-1）

该修剪法多用于架空线下，典型的杯状形源于桃树整形，其模式结构叫“三股六叉十二枝”，即在定干后选留三个方向合适（相邻主枝间角度成 120°，与主干约成 45° 角）的主枝。再于各主枝的两侧各选留两个近于同一平面的斜生枝；然后同样再在各二级枝上选留两个枝。行道树采用杯状形整枝，一般不必这样严格，可视情况，根据树种而有变化。

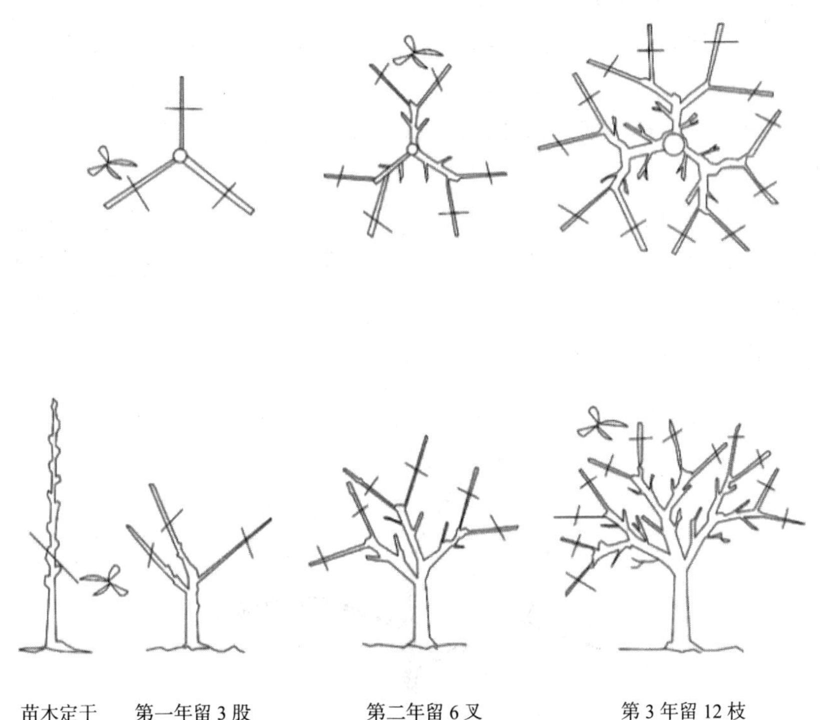

图 1-8-1-1　杯状形树形修剪平面、立面图

2. 自然开心形修剪法

该修剪法多用于无主轴的树种(以新植槐树为例):先定分枝点高度,一般不要太高,尤其栽在架空线下的,有3~3.5 m即可。靠快车道一侧的分枝点稍高一些。

(1)选主枝:在分枝点以上选择分布均匀、生长健壮的主枝3~5个进行短截,其余的可以全部疏去。同一条路或相邻近一段路上的行道村,主枝顶部要找平。例如确定短截后上部剪齐,统一离地面3.5 m。分枝点高的主枝,应多剪去一些;而分枝点低的主枝,应多留一些。

(2)剥芽:主枝上萌出新芽后,应及时剥芽,以集中养分供应选留的芽,促使侧枝生长。第一次可选留5~8个芽;第二次留3~5个芽。注意留芽方向要合理,分布应均匀。

(3)疏枝与短截:次年发芽前选留侧枝,全株共选6~10个,注意选方向适合、分布均匀、向四方斜生者,并按一定长度短截,以使发枝整齐,形成丰满匀称的树冠。

3. 自然杯状形修剪法

该修剪法多用于有中干可改造的树种(以法桐为例,如图1-8-1-2)。

1)定干和培养骨干枝

根据架空线和道路交通等情况,春植时于3.5 m左右处截头定干。萌芽后用分期剥芽和疏枝的办法,选主枝3~5个。落叶后将主枝在30~50 cm处,选留侧面有芽处短截;应通过调整主枝长度,使剪口芽处在同一平面上,以利于以后长势均衡。次年夏季对主枝进行剥芽和疏枝。因幼年法桐顶端优势较强,在主枝呈斜生的情况下,其上侧生芽和背下芽均易转向直立生长。剥芽时可间剥过密芽,而暂时保留直立枝,以抑下芽转直促枝侧同生长。第三年冬,于主枝两侧发生的侧生枝中,选1~2个作延长枝,并在30~50 cm处选有侧面芽外短截,疏除原暂留的直枝、交叉枝。如此修剪,经3~5年即可构成杯状形树冠。

2)扩大树冠增枝叶

树体骨架构成后,树冠扩大很快,要注意整体均衡。此期可适当保留内膛枝,有空间处,新梢可长留,疏过密枝、直立枝,促发斜生枝,增加遮阴效果,对影响架空线和建筑的枝条按规定进行疏截。

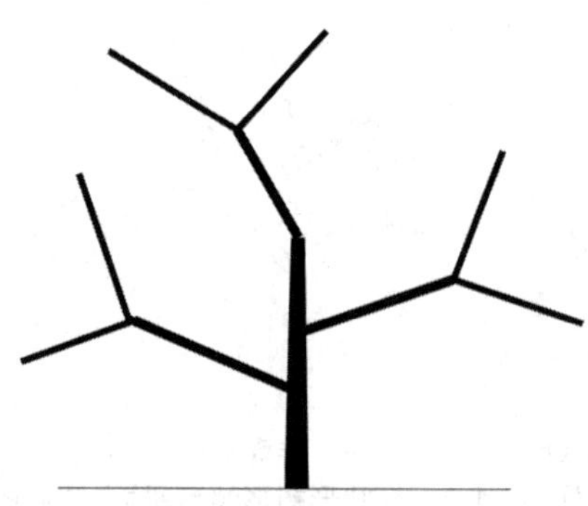

图1-8-1-2 自然杯状形树形修剪立面图

3)回缩更新

由于受地下土壤、管线、路基的影响,当树冠长到最大限度后,开始衰退或受周围的限制,应逐年在有生长良好、部位合适的带头枝外短截,回缩更新。

4. 具中央领导干形修剪法

该修剪法选具中干的树种,于上无架空线处应用。

1)圆锥形

中央领导干强的树种,如杨树、银杏等,在上边设有架空线的条件下,为促使树身高大,起到更大的绿化效果,应尽量保证中央领导枝的生长。第一次剪多在定枝点进行,方法如下。

(1)定分枝点:分枝点高度按树木规格大小而定。一般郊区多用高大乔木,分枝高度可提到4~6 m,甚至更高些。

(2)保持顶端优势:对主轴明显、中央领导枝明显的杨树、白蜡、银杏等,如果主尖完好应保留不动;如主尖已受损伤,可选择一直立生长的侧枝或壮芽。在其上方将损伤的主尖截去,并把其下部的侧芽除去,以免形成竞争枝,出现多头现象。

(3)选留主枝:主轴强的杨树等,每年在主轴上形成一层枝条,修剪时每层留3个左右,全株留9个,其余全部疏去。注意保留的主枝要相互错开,分布均匀,并加以短截,一般应使所留各层主枝下部稍长,上部稍短。最下层30~35 cm,中间一层20~25 cm,所留主枝与领导枝成40°~80°角,剪成后呈长圆锥形。

2)圆头形、卵形

中干较弱树种,如旱柳等,各层主枝的间距较小,中央领导枝也比较短,一般两层主枝共留5~6个即可,以后长成圆头形或卵形树冠。

(三)灌木的修剪

1. 新植灌木的修剪

灌木一般都裸根移植,为保证成活,一般应强修剪。一些带土球移植的珍贵灌木树种可适应轻剪。移植后的当年,如果开花太多,则会消耗养分,影响成活和生长,故应于开花前尽量剪除花芽。

(1)有主干的灌木或小乔木,如碧桃、榆叶梅等,修剪时应保留一定高度较短主干,选留方向合适的主枝3~5个,其余的应疏去,保留的主枝短截1/2左右;较大的主枝上如有侧枝,也应疏去2/3左右的弱枝,留下的也应短截。修剪时应注意树冠枝条分布均匀,以使形成圆满的冠形。

(2)无主干的灌木(又称"丛生"),如玫瑰、黄刺梅、太平花、连翘、金钟、棣棠等,常自发出多数粗细相近的枝条。应选留4~5个分布均匀、生长正常的丛生枝,其余的全部疏去,保留的枝条一般短截1/2左右,并剪成内膛高、外缘低的圆头型。

2. 灌木的养护修剪

(1)应使丛生大枝均衡生长,使植株保持内高外低、自然丰满的圆球形。上面的小枝应疏剪,外边丛生枝及其小枝则应短截,促使多生斜生枝。

（2）定植年代较长的灌木，如果灌丛中老枝过多时，应有计划地分批疏除老枝，培养新枝，使之生长繁茂、永葆青春。但一些为特殊需要培养成高干的大型灌木，或茎上生花的灌木（如紫荆等），均不在此列。

（3）经常短截突出灌丛外的长枝，使灌丛保持整齐均衡。但对一些具拱形枝的树种（如连翘等）所萌生的长枝则例外。

（4）植株上不作留种用的残花、废果，应尽量及早剪去，以免消耗养分。

3. 观花灌木的修剪时间

必须根据树木花芽分化的类型或开花类别、观赏要求来进行。

（1）夏秋在当年生枝条上开花的灌木，如紫薇、绣球、木槿、玫瑰、月季等，其花芽当年分化当年开花，应于休眠期（花前）重剪，有利促发壮条，促使当年分化好花芽并开好花。

（2）春季在隔年生枝条上开花的灌木（为夏秋分化型），如梅花、樱花、金银花、迎春、海棠、碧桃等，其花芽在去年夏秋分化，经一定累积的低温期于今春开花，应在开过花后 1~2 周内适度修剪。结合生产的果木，多在休眠期（花前）修剪，为使花朵开得大，也可在花前适当修剪。其中观花兼观果的灌木，如金银木、火棘、荚莲类、枸骨等，应在休眠期轻剪。

（四）绿篱的修剪

绿篱的修剪主要应防止下部光秃，外表有缺陷，后期过大。

1. 绿篱的类型

按高度，绿篱可分为：

矮篱：≤ 50 cm；

绿篱：50~120 cm；

高篱：120~160 cm；

绿墙：≥ 160 cm。

2. 绿篱修剪常用的形状

绿篱修剪一般多用整齐的形式，最常见的有圆顶形、梯形及矩形 。

3. 修剪方法

绿篱定植后，应按规定高度及形状及时修剪。为促使干基枝叶的生长，最好将主干截去 1/3 以上，剪口在规定高度 5~6 cm 以下，这样可以保证粗大的剪口不暴露。最后用大平剪和绿篱修剪机修剪表面枝叶，注意绿篱表面（顶部及两侧）必须剪平。

其他灌木篱应按灌木剪法。其中萌生能力强的灌木，如紫穗槐，可于秋后全部抹头割除，次年重发。

4. 修剪时间

绿篱养护修剪每年最少一次。其中黄杨等阔叶树种，一般在春季（4~5 月）进行；针叶树种多于 8~9 月进行：有条件的可以多剪几次。对于生长较快的树种，每年需修剪 2~4 次，一般一至三季度修剪 2~3 次，四季度修剪 1 次。为迎节日，应在节前 10 日修剪为宜。

（五）藤本植物修剪

因多数藤木离心生长很快，基部易光秃。小苗出圃定植时，宜只留数芽重剪。吸附类

（具吸盘、吸附气根者）引蔓附壁后，生长率可多短截下部枝。促发副梢填补基部空缺处。对于用于棚架、冬季不必下架防寒者，以疏为主，剪除枯、密枝。对于在当地易枯梢（尚未木质化或生理干旱）者，除应种在背风向阳处外，每年萌芽时应剪除枯梢。钩刺类，习性类似灌木，可按灌木疏除老枝的剪法，蔓枝一般可不剪，视情况回缩更新。

六、园林树木修剪的程序

园林树木修剪的程序概括起来就是“一知、二看、三剪、四拿、五处理、六保护”。

一知：参加修剪工作的人员，必须知道操作规程、技术规范以及一些特殊的要求。

二看：修剪前应绕树仔细观察，对剪法做到心中有数。

三剪：“一知、二看”以后，根据因地制宜、因树修剪的原则，做到合理修剪。

四拿：修剪后挂在树上的断枝，应随时拿下，集中在一起。

五处理：剪下的枝条应及时集中处理，不可拖放时间过长，以免影响市容和引起病虫害扩大蔓延。

六保护：修剪后，枝干上 2 cm 以上伤口应用伤口涂抹剂及时处理。

七、常用的修剪工具

（1）枝剪，剪截 2~3 cm 以下枝条。

（2）高枝剪，剪高处细枝。

（3）手锯，锯截不太粗的枝条。

（4）刀锯，锯截较粗的枝条。

（5）快马锯，锯截粗大的枝干。

（6）小斧与板斧，砍伐树枝。

（7）大平剪，修剪绿篱。

（8）平铲，去蘖、剥芽。

（9）梯子或升降车，上树修剪。

（10）大绳，吊树冠。

（11）小绳：吊细枝。

此外，还有劳保用具：安全带、安全绳、工作服、手套、胶鞋等。

八、安全操作措施

（1）操作时思想集中，严禁说笑打闹，上树前不准饮酒。

（2）每个作业组，都要选派有实践经验的老工人担任安全质量检查员，负责安全、质量的监督和检查。

（3）劳保用具是保证工人操作安全的必需品。工作中必须按规定穿戴好工作服、安全帽，系好安全带、安全绳等劳保用具和用品。

（4）攀登高大树木需使用梯子时，必须选用坚固的梯子，并要立稳。单面梯应用绳将上顶横档和树身捆住，人字梯的中腰，应拴绳并注意开张合适角度。

（5）上树后，应系好安全带，手锯一定要拴绳套在手腕上。

（6）刮五级以上大风时，不可上树操作。

(7)截除大枝时,必须由有经验的工人指挥安全操作。

(8)在行道树上修剪作业时,必须选派专人维护现场,树上、树下要相互配合联系,以免砸伤过往行人和来往车辆。

(9)患有高血压、心脏病者不准上树。

(10)修剪用操作工具必须坚固好用。木把要光滑,不要因工具不好而影响操作,甚至误伤人员。

(11)修完一棵树后,不准攀跳到另一棵树上,而应下树重上。

(12)在高压线附近作业时,应特别注意安全,避免触电,必要时应请供电部门配合。

(13)几个人同在一棵树上操作时,应有专人指挥,注意协作配合,避免误伤同伴。

(14)使用高车上树修剪前,要检查好高车的各个部件,要支放平稳。操作过程中要派专人随时检查高车的情况,发现问题及时处理。

(15)上树后必须系好安全绳,安全绳要拴在不影响操作人的牢固的大树枝上,随时注意收、放。

第五节 低温危害与防寒

有些植物,尤其是那些原产热带或亚热带的种类,会受到低于零度的低温的伤害,叫"寒害、冷害、寒伤"。除热带地区外,各地或多或少都受零下低温侵袭,组织发生冰冻所引起的伤害,叫"冻害"。尤其我国北方地区,冬季严寒、干燥多风,会使一些不太耐寒的树种在冬季至早春遭受冻害或造成"生理干旱"(又叫冻旱、冷旱、冬旱),使局部枝条枯干,北方俗称"梢条"。轻则部分枝条受害,重则甚至株死亡。为使这些树木安全越冬,必须研究低温危害的原因,并采取必要的防寒措施。

一、低温危害的部位与原因

1.根系冻害

根系受冻害的植物因根系无自然休眠,抗冻能力较差。靠近地表的根常易遭冻害,尤其在冻季少雪,干旱的沙土之地,更易受冻,根系受冻,往往不易及时发现,如春天已见树枝发芽,但过一段时间,突然死亡,多可能因根系受冻所造成。因此冬春季要做好根系越冬保护工作。

2.根颈冻害

根颈受冻害的植物由于根颈停止生长最晚而开始活动较早,抗寒力差。同时接近地表,温度变化大,所以根颈易受低温和较大变温的伤害,使皮层受冻,出现一面或环状变褐,甚至干枯或腐烂的症状。常用培土的方法来防寒。

3.主干、枝杈冻害

主干冻害主要表现为向阳面(尤其是西南面)的冬季日灼。由于在初冬和早春温差大,皮部组织随白天温度增高而活动,随夜间温度剧降而受冻。其次表现为冻裂 。由于初冬气温骤降,皮层组织迅速冷缩,木质部产生应力而将树皮撑开;细胞间隙结冰产生的张力,也可造成其裂缝。枝杈冻害主要发生在分杈处向内的一面,表现为皮层变色,坏死凹陷,或顺主干垂直下裂，有的因木质部导管破裂春季发生流胶。这是由于主干分杈处年轮窄，导管不发达，供养不良，营养积存少，抗寒锻炼差。同时，分杈处易积雪，雪化后浸润树皮使组织柔软，再经一冻即会受害。可用主干包裹草绳或专用裹树布防寒。

二、目前常用的防寒措施

1. 灌冻水

在冬季土壤易冻结的地区，于土地封冻前，灌足一次水，叫“灌冻水”。灌冻水的时间不宜过早，否则会影响抗寒力。一般以“日化夜冻期”灌为宜，这样到了封冻以后，树根周围就会形成冻土层，以维持根部一定低温的恒定，不受外界更低冷风侵袭或因气候骤然变化而受害。

2. 根茎培土

冻水灌完后结合封堰，在树木根颈部培起直径 80~100 cm，高 40~50 cm 的土堆，防止冻伤根茎和树根，同时也能减少土壤水分的蒸发。

3. 覆土

在土地封冻以前，可将枝干柔软、树身不高的乔灌木压倒固定，盖一层干树叶（或不盖），覆细土 40~50 cm，轻轻拍实。此法不仅可防冻，还能保持枝干湿度，防止枯梢。在当地不耐寒的树苗、藤木多用此法防寒。

4. 扣筐（篓）或扣盆

一些植株较矮小的珍贵花木（如牡丹等），可采用此法。这种方法不会损伤原来的株形，即用大花盆或大筐将整个植株扣住，外边堆上或抹泥，不留一点缝隙，给植物创造比较温暖、湿润的小气候条件，以保护株体越冬。

5. 架风障

该方法可以降低寒冷、干燥的大风吹袭造成树木冻旱的伤害。可以在树的上风向架设风障。架风障的材料常用高粱秆、玉米秆捆编成篱或竹篱加芦席等。风障高度要超过树高常用杉木、竹干等支牢或钉以木桩绑住，以防大风吹倒，漏风处再用稻草在上披覆好，绑以细棍夹住，或在席外抹泥填缝。

6. 涂白与喷白

用石灰加石硫合剂对枝干涂白，可以减小向阳皮部因昼夜温差大引起的危害，还可以杀死一些越冬病虫害。对花芽萌动早的树种进行树身喷白，可延迟开花，以免早霜的危害。

7. 春灌

早春土地开始解冻后，及时灌水，经常保持土壤湿润，可以降低土温，延迟花芽萌动与开花，避免早霜危害，也可防止春风吹袭使树枝干枯梢条。

8. 培月牙形土堆

在冬季土壤冻结、早春干燥多风的大陆性气候地区，有些树种虽耐寒，但易受冻旱的危害而出现枯梢。尤其在早春，土壤尚未化冻，根系难以吸水供应，而空气干燥多风，气温回升快，蒸发量大，造成生理干旱而枯梢。针对这种原因，对于不便弯压埋土防寒的植株，可于土壤封冻前，在树木干北面，培一向南弯曲、高 30~40 cm 的月牙形土堆。月牙形土堆在早春可挡风,反射和累积热量使穴土提早化冻,使根系能提早吸水和生长,即可避免冻旱的发生。

9. 卷干、包草

对不耐寒的树木(尤其是新栽树),要用草绳道道紧接的卷干或用稻草包裹主干和部分主枝来防寒。包草时,不要把草衣去掉,草梢向上,开始半截平铺于地,从干基折草向上,连续包裹,每隔 10~15 cm 横捆一道。逐层向上至分枝点。干矮的可再包部分主枝。此法防寒,应于晚霜后拆除,不宜拖延。

10. 防冻打雪

在下大雪期间或之后,应把树枝上的积雪及进打掉,以免雪压过久过重,使树枝弯垂,难以恢复原状,甚至折断或劈裂。尤其是枝叶茂密的常绿树,如竹类、夹竹桃、千头柏等,更应及时组织人员持竿打雪,防雪压折树枝,对已结冰的枝,不能敲打,可任其不动;如结冰过重,可用杆支撑,待化冻后再拆除支架。

11. 积雪

积雪可以起到保持一定低温,免除过冷大风侵袭,在早春可增湿保墒,降低土温,防止芽的过早萌动而受晚霜危害等作用。在寒冷干旱地区,应用此法尤其必要。

第六节　园林树木的其他养护管理

一、及时防治树木病虫害

绝大多数园林树木,在其一生中都可能遭受病虫的危害,影响树木的正常生长发育,甚至造成死亡。所以,防治病虫是园林树木养护管理中的一项极为重要的措施。园林树木病虫害防治,必须贯彻"预防为主,综合治理"的原则,采取慎重的科学态度,对症下药,综合防治,以保证树木不受或少受病虫危害;同时要注意保护环境,减少农药污染,多用生物防治。

二、防治风灾

夏秋季一般多强风,尤其沿海地区多台风,树木枝杈常遭风折。又由于雨水多,土壤潮湿松软,大风后起或风雨交加,更易造成树木被吹倒的现象。轻者影响树木生长,重者造成树木死亡,甚至还会造成人身伤亡和其他破坏性事故。因此在夏季多风季节到来之前,应采取一些防风措施,如绑立支柱、疏剪树冠等。

(1)修剪树冠对浅根性乔木或因土层浅薄、地下水位高而造成浅根的高大树木,以及长在迎风处树冠过于浓密的高大树木,应及时适当加以疏剪繁枝,以利于透风,减少负荷。对高处过长枝条和受蛀干害虫危害过的枝条,也应截除。

(2)对于培土栽植较浅的树木,应于根部培土,加厚土层。

(3)支撑必要时,在下风方向立木棍或水泥柱等支撑物,但应当注意支撑物与树皮之间要垫一些柔软的东西,以防擦破树皮。

三、中耕除草

树木根部杂草丛生,会与树木争夺水分、养分。特别是对新栽的乔灌木和浅根性树种,不但影响树木的正常生长发育,而且杂草丛生,影响观瞻。所以及时消除杂草也是园林树木养护工作的重要项目之一。着生于树木根部的杂草,我们主张用中耕的方法连根锄掉并埋入土中，腐烂后即成肥料。没有草的地方也要在雨后、灌水后，适时将地表锄松，提高土壤透气性和保墒能力，有利树根生长。如果草荒严重，也可采用化学除草方式，但应注意选择适当的除草剂，以免发生药害。对于干旱缺草坪的地方，应考虑利用有观赏价值的野草。

四、防日灼

在我国南方，对新栽 1~2 年（胸径 3 cm 左右）的乔木、珍贵树种、树皮较薄且光滑的树种，都要在夏日来到之前，用草绳卷干，一般卷到分枝点，干矮的，除主干外，还应卷一部分主枝，以防日灼。对于珍贵树种，应先用 1% 的硫酸铜溶液或石灰水刷干，然后卷干。草绳如有松散脱落应及时整好，发现霉烂者应及时更换。另外，对于不耐旱的树种，栽植后应将主干和主枝涂白或喷白，以防树皮被晒裂。

五、洗尘

由于空气污染、裸露地面尘土飞扬等原因，城市树木的枝叶上，多蒙有烟尘，堵塞气孔，影响光合作用。在无雨少雨季节应定期喷水冲洗。夏秋酷热大，宜早晨或傍晚进行。

六、伐、挖死树

养护范围内树木因病虫害或干旱、冻害等原因，确定枯死，应及时安排伐除或挖除死树，以免影响观赏。在适宜季节可安排补栽。

七、围护、隔离

多数树木喜欢土质疏松、透气良好的土壤。长期的人流践踏，造成土壤板结，会妨碍树木的正常生长，引起早衰。特别是根系较浅的乔灌木和一些常绿树，反应更为敏感。对这类树木在改善通气条件后，应用围篱或栅栏加以围护，但应以不妨碍观赏视线为原则。为突出主要景观，围篱要适当低些，造型和花色宜简朴，以不喧宾夺主为佳，围护也可用绿篱等形式。

八、看管、巡查

园林绿地必须保持整洁、无杂物，同时园林绿地必须保证完整，防止人为破坏、乱搭乱占。因此要求养护人员必须经常巡查、看管，发现问题及时处理或上报。

第七节　树木养护管理工作年历

现以西安地区为例，将一年中的主要养护管现项目，按月制成年工作历。

一、一月份

本月是全年中气温最低的月份，露地树木处于休眠状态。树木养护和管理工作如下。

（1）冬季修剪：全面展开落叶树木的整形修剪作业，至少也应对树上的枯枝、病虫枝，对妨碍架空线和建筑物的枝杈进行修剪。

（2）防寒检查：随时检查树木的防寒情况，发现防寒物有漏风等情况，应及时补救。

（3）积雪：雪后对道路进行清扫时，应将雪堆积在树根部，既有利于防寒，又有利于防旱。但若街道采用过撒盐化雪的方式，盐水侵染过的雪，对植物生长不利，切不可用。

（4）积肥：利用冬闲，可以在郊区大搞积肥，为来年施肥作好准备。

（5）维护巡查：对于易损伤的树木，要加强保护，必要时可以采取裹干的方法加以保护。

（6）防治害虫：冬季是消灭园林树木害虫的有利时机。可在树下疏松的土中，挖集虫蛹、虫茧，集中烧死。刮除枝干上的虫包、虫茧，剪除蛀干害虫过多的枝杈；对有些树可用行刮树皮或用铁丝刷子刷树皮、枝杈及附近墙缝中的越冬害虫。

二、二月份

本月气温较上月有所回升，树木仍处于休眠状态。树木养护和管理工作如下。

（1）修剪：继续进行树木修剪，月底以前，把各种树木剪完。

（2）积雪：同一月份。

（3）除虫：同一月份。

（4）防寒：同一月份。

（5）积肥：同一月份。

（6）维护：同一月份。

（7）做好春季绿化工程的准备工作。

三、三月份

本月气温继续上升，中旬以后，树木开始萌芽，下旬有些树木（如丁香、紫荆、碧桃）开花。树木养护和管理工作如下。

（1）植树：春季是植树的有利时机。土壤解冻后，应立即抓紧时机植树。根据规划设计，事先挖（刨）好树坑，要做到：随掘苗、随运输、随栽种、随灌水，以提高植树成活率。

（2）春灌：因春季干旱多风，蒸发量大，为防止春旱，对需要浇水的树木，应及时灌水。

（3）拆除防寒物：对冬季防寒所用的防寒物，应适时拆除。

（4）施肥：土壤解冻后，对应施肥的树木，施用基肥并灌水。

（5）修剪：在冬季整形修剪的基础上，进行复剪，并适时进行剥芽。

（6）防治病虫害：本月是防治一些树木病虫害的关键时期。可以继续采用挖蛹、喷刷药剂等措施，为全年病虫防治工作打下良好基础。

四、四月份

本月气温继续上升，树木均萌芽开花或展叶，开始进入生长旺盛期。树木养护和管理工作如下。

（1）继续植树：本月上旬应抓紧时间，种植萌芽晚的树木，必须争取在萌芽期前。全部完成植树任务。

（2）灌水：继续春灌。

（3）施肥：继续施基肥。

（4）修剪：剪除冬、春季干枯的枝条，修剪常绿树篱。

（5）加强防治病虫害。

（6）看管维护：很多先花后叶类树木，正集中在此月开花，应加强管理，防止人为攀折损。

（7）用喷灌设备洗尘。

五、五月份

本月气温急骤上升，进入夏季，树木生长迅速。树木养护和管理工作如下。

(1)灌水：树木抽枝展叶盛期，需水量很大，应适时灌水。

(2)施肥：可结合灌水，追施速效氮肥，或根据需要进行叶面喷肥。

(3)修剪：剪残花，新植树木剥芽、去蘖等。

(4)防治病虫害。

六、六月份

本月气温高，燥热。

(1)灌水。

(2)施追肥。

(3)修剪：雨季将来临，可将冠大叶密的树适当疏剪，对与电线有矛盾的枝杈，也应修剪。

(4)中耕除草：及时消灭树下无用杂草，防止草荒。

(5)准备排水：雨季将临，应预先挖好排水沟等，做好排水防涝的准备工作。

(6)防治病虫害。

七、七月份

本月气温最高，中旬以后开始进入雨季，多风雨。树木养护和管理工作如下。

(1)移植常绿树：雨季期间，水分充足，湿度大，蒸发量低，可以移植常绿树、针叶树特别是竹类最宜在雨季移植。

(2)排涝：大雨过后，应及时排水防涝。

(3)施追肥：可雨前干施。

(4)巡查抢险：雨季多暴风雨，容易发生树木倒歪等危险情况，应事先做好劳力组织、物资材料、工具设备等方面的准备工作，并随时派人检查，发现险情及时处理，对歪倒树木进行扶直或立支柱。

(5)防治病虫害。

(6)对绿篱及一些花灌木可进行修剪。

八、八月份

本月仍为雨季。树木养护和管理工作如下。

(1)排涝。

(2)巡查救险。

(3)继续移植常绿树木。

(4)修剪：除一般树木进行夏剪外，还可对绿篱进行造型修剪。

(5)中耕除草：进行树下中耕除草，并可结合除草进行积肥。

(6)防治病虫害。

九、九月份

本月气温下降，临近国庆节。树木养护和管理工作如下。

（1）准备迎国庆：①伐除死树；②修剪干枝枯杈；③绿篱造型修剪；④绿地内整理园容等，做到树木青枝绿叶，园容干净整齐。

（2）施肥：对一些生长较弱、枝条不够充实的树木，应追施一些磷、钾肥。

（3）中耕除草：国庆节前，应彻底消灭杂草。

（4）防治病虫害。

十、十月份

本月气温继续下降，下旬进入初冬，树木开始落叶，陆续进入休眠期。树木养护和管理工作如下。

（1）准备秋季植树，下旬耐寒树木一落叶，就可以开始栽植。

（2）积肥：集中落叶积肥。

（3）灌冻水：下旬可开始灌冻水。

（4）防治病虫害。

十一、十一月份

本月土壤开始夜冻日化，进入隆冬季节。树木养护和管理工作如下。

（1）植树：继续栽植耐寒树木，土壤冻结前完成。

（2）灌冻水：土壤封冻前灌完。

（3）防寒：对不耐寒的树木做好防寒工作。

（4）防治病虫害。

（5）施肥：有条件的可于土壤封冻前施基肥。

十二、十二月份

本月上旬“大雪”前后，土壤全面封冻。树木养护和管理工作如下。

（1）冬季修剪。

（2）防治越冬病虫害。

以上工作项目是一些主要项目。实际工作中还应结合具体情况详细安排，做好记录，总结得失，为来年工作提供依据。

第二章　花坛的养护管理

花坛的艺术效果取决于设计、花卉品种的选配以及施工的技术水平。但是，能否保证植物生长健壮、开花繁茂、色彩艳丽，在很大程度上取决于日常的养护管理。

一、浇水

花苗栽好后，在生长过程中，要不断地浇水，以补充土壤中的水分。浇水的时间、次数、灌水量则应根据气候条件及季节的变化灵活掌握。如有条件还应喷水，特别是对模纹式花坛、立体花坛，应经常进行叶面喷水。由于花苗一般都比较娇嫩，所以喷水时还要注意以下几方面的问题。

（1）每天浇水时间，一般应安排在上午 10 时前或下午 4 时以后。如果一天只浇一次，则应安排在傍晚前后；忌在中午气温正高、阳光直射的时间浇水，因为这时土壤温度高，一浇冷水，土温骤降，对花苗生长不利。

（2）每次浇水量要适度，既不能水过地皮湿，而底层仍然是干的，也不能水量过大。土壤经常过湿，会造成花根腐烂。

（3）水温要适宜，一般春、秋两季水温不能低于 10 ℃，夏季不能低于 15 ℃。如果水温太低，则应事先晒水，待水温升高后再浇。

（4）浇水时应控制流量，不可太急，避免冲刷土壤。

二、施肥

草花所需要的肥料，主要来源于整地时所施入的基肥。在定植后的生长过程中，也可根据需要，进行几次追肥。追肥时，千万注意不要污染花、叶。施肥后应及时浇水。

三、中耕除草

花坛内的杂草与花苗争肥、争水，既妨碍花苗的生长，又影响美观。所以，发现杂草就要及时清除。另外，为了保护土壤疏松，有利花苗生长，还应经常中耕、松土。但中耕深度要适当，不要损伤花根。中耕后的杂草及残花、枯叶要及时清除。

四、修剪

为控制花苗的植株高度、促使茎部分枝，保证花丛茂密、健壮以及保持花坛整洁、美观，应经常修剪，随时清除残花、败叶。一般草花花坛，在开花时期每周剪除残花 2~3 次。模纹花坛，更应经常修剪，保持图案明显、整齐。对花坛中的球根类花卉，开花过后应及时剪去花梗，以便消除枯枝残叶，并可促使子球发育良好。

五、补植

花坛内如果有缺苗现象，应及时补植，以保持花坛内的花苗完美无缺。补植花苗的品种、色彩、规格都应和花坛内的花苗一致。

六、立支柱

为防止生长高大以及花朵较大的植株倒伏、折断，应设立支柱，将花茎轻轻绑在支柱上。支柱的材料可以用细竹竿。对于有些花朵多而大的植株，除立支柱外，还应用铅丝编织成花盘将花朵托住。支柱和花盘都不可影响花坛的观瞻,最好涂以绿色。

七、防治病虫害

花苗生长过程中,要注意及时防治地上和地下的病虫害。由于草花植株娇嫩,施用农药时要掌握适当的浓度,以避免发生药害。

八、更换花苗

由于草花生长期短,为了维持花坛经常性的观赏效果,要经常做好更换花苗的工作。

第二篇

职业道德与法律常识

第一部分　职业道德

第一章　职业

一、职业的定义

所谓职业，是指社会人员按照社会分工所从事的相对稳定、合法、有报酬的工作。如教师、医生、保安、军人等，都是职业的名称。

二、职业的产生与发展

1. 职业的产生

职业的产生是社会分工的结果。人类在原始社会早期是没有“职业”这个概念的。随着社会生产力水平的提高，人类出现了三次具有重大意义的社会分工，相继产生了农业、畜牧业、手工业、商业四种职业，最初的职业也就由此产生了。

2. 职业的发展

社会和科技的进步始终推动着职业的演变，新的职业不断产生，传统职业逐渐更新或被淘汰。

三、职业的基本特征

1. 社会性

任何一种职业都不能独立存在，是整个社会生产生活体系中的一个环节，从业人员都从事着与其他社会成员相互关联、相互服务的社会活动。

2. 有偿性

职业的有偿性是指任何职业劳动都能得到一定的现金或实物回报。

3. 稳定性

职业都有较长的生命周期，从而吸引相当数量的人长期从事这项工作。

4. 规范性

职业活动必须符合国家法律政策和社会主流道德。

四、职业的分类

1999 年 5 月，我国正式颁布了《中华人民共和国职业分类大典》，并于 2015 年 7 月进行了修订。新版《中华人民共和国职业分类大典》将我国现有职业分为 8 个大类、75 个中类、434 个小类、1 481 个职业。

五、职业的人生功能

1. 获取生活来源

人们择业和从业活动是获取生活来源的主要途径。但不能将之看作职业活动的唯一价值。

2. 承担社会责任

承担社会责任既是职业的要求，又是职业社会属性的具体体现。

3. 实现人生价值

人的一生可称为职业的一生，人生价值主要在职业活动中得到实现。

第二章　道德

第一节　道德概述

一、道德的定义

道德是一种社会意识形态，是一个社会用善恶评价并依靠信念、习俗和社会舆论的力量来维持的调整人们之间以及个人与社会之间的行为规范的总和。它既是一种善恶评价，表现为心理和意识现象；又是一种行为规范，表现为行为和活动现象。

二、道德的起源

1. 劳动是道德起源的历史前提

以劳动为核心的人类活动，为道德的起源创造了第一个历史前提。

2. 社会关系为道德起源提供了基础

道德活动使个人与他人、个人与整体相互关联，构成了社会的最基本的道德关系。在这一关系的基础上，又派生出一系列人际关系，组成了复杂的道德关系网，最终标志着原始道德的形成。

三、道德的基本特征

1. 调节手段的特殊性

道德的调节作用不是通过国家强行制定和强制推行的，而是依靠社会舆论、教育、习俗以及人们内心信念的力量，自觉约束、自我节制、自我规范自己的行为的。

2. 道德作用的广泛性

道德作用贯穿于人类的各个社会形态，广泛地存在于社会关系的各个领域。道德作用的广泛性，要求人人都要讲道德，自觉遵守道德规范。

3. 道德规范的多层次性

社会关系的多样性和层次性决定了道德规范的多层次性。因此，我们对不同对象提出不同的道德要求。

4. 道德内容的阶级性

阶级社会的一切道德，都是不同阶级根本利益的反映。不同阶级的道德，体现不同阶级的意志和要求。

5. 道德形态的继承性

继承性是在对前人道德遗产予以分析的基础上批判地继承，即吸取道德的优秀成果部分，剔除其糟粕部分。

四、道德的主要功能

1. 认识功能

道德运用善恶、荣辱、良心等道德概念和范畴，反映人类道德现象、关系和实践活动，并为人们进行道德选择提供指南。

2. 规约功能

道德具有规范和约束人们行为的作用。

3. 调解功能

道德具有通过评价等方式来指导和纠正人们行为和实际活动的作用,以调节人际关系、维护社会秩序。

4. 教育功能

道德通过评价、命令、指导、示范等方式和途径,造成社会舆论,形成社会风气,树立道德榜样,塑造理想人格,用来培养人们的道德观念、情感和品质。

5. 道德的激励功能

道德具有激发人们向善的内在积极性和主动性,促进人们自我肯定、自我发展和自我完善,促进社会关系进一步符合人性化的功能。

五、道德和法律的关系

道德和法律作为人们的行为规范,都是维护社会秩序、规范公民思想和行为的重要手段,都对社会关系有调节作用。

两者作用不同之处是:道德对社会关系的调节作用主要靠教育的力量、社会舆论的力量和个人内心信念的力量,所以道德主要发挥对社会关系的调节作用,必须依靠人们的自觉性。法律对社会关系的作用,主要是以国家机器——警察、法庭、监狱等作为后盾,因此可以说,它是依靠法律制裁这种强制手段起作用的。

"德治"与"法治"同等重要,二者相辅相成,不可或缺。"以德治国"与"依法治国"相互统一,才能维护社会稳定,促进社会发展,保持国家的长治久安。

第二节　中华民族优良道德传统与社会主义核心价值观

一、中华民族优良道德传统的基本内容

(1)父慈子孝,尊老爱幼。

(2)立志勤学,持之以恒。

(3)自强不息,勇于革新。

(4)仁以待人,以礼敬人。

(5)诚实守信,见得思义。

(6)公忠为国,反抗外族侵略。

(7)修身为本,严于律己。

二、社会主义核心价值观的含义

社会主义核心价值观是社会主义核心价值体系的内核,体现着社会主义核心价值体系的根本性质和基本特征,反映着社会主义核心价值体系的丰富内涵和实践要求,是社会主义核心价值体系的高度凝练和集中表达。

三、社会主义核心价值观体系的基本内容

(1)富强、民主、文明、和谐,是国家层面的价值目标。

(2)自由、平等、公正、法治,是社会层面的价值取向。

(3)爱国、敬业、诚信、友善,是公民个人层面的价值标准。

四、自觉践行社会主义核心价值观

(1)企事业单位工作人员承担着为企业单位服务、为人民群众服务的重任,必须自觉践行社会主义核心价值观。充分认识、自觉践行社会主义核心价值观是每个公民应该承担的责任。

(2)培育和践行社会主义核心价值观,政府、社会、学校、家庭、单位都有各自的责任,但归根结底责任在自己,修行靠自己,都要从自身做起。

(3)自觉践行社会主义核心价值观重在行动。要善于从小事做起,从细微处着力。善于做小事是成就大事业的前提,这是任何事业取得成功的一个规律,也是践行社会主义核心价值观的基础。

第三节　新时代公民道德建设实施纲要

一、总体要求

(一)以习近平新时代中国特色社会主义思想为指导

要以习近平新时代中国特色社会主义思想为指导,紧紧围绕进行伟大斗争、建设伟大工程、推进伟大事业、实现伟大梦想,着眼构筑中国精神、中国价值、中国力量,促进全体人民在理想信念、价值理念、道德观念上紧密团结在一起,在全民族牢固树立中国特色社会主义共同理想,在全社会大力弘扬社会主义核心价值观,积极倡导富强、民主、文明、和谐、自由、平等、公正、法治、爱国、敬业、诚信、友善,全面推进社会公德、职业道德、家庭美德、个人品德建设,持续强化教育引导、实践养成、制度保障,不断提升公民道德素质,促进人的全面发展,培养和造就担当民族复兴大任的时代新人。

(1)坚持马克思主义道德观、社会主义道德观,倡导共产主义道德,以为人民服务为核心,以集体主义为原则,以爱祖国、爱人民、爱劳动、爱科学、爱社会主义为基本要求,始终保持公民道德建设的社会主义方向。

(2)坚持以社会主义核心价值观为引领,将国家、社会、个人层面的价值要求贯穿到道德建设各方面,以主流价值建构道德规范、强化道德认同、指引道德实践,引导人们明大德、守公德、严私德。

(3)坚持在继承传统中创新发展,自觉传承中华传统美德,继承我们党领导人民在长期实践中形成的优良传统和革命道德,适应新时代改革开放和社会主义市场经济发展要求,积极推动创造性转化、创新性发展,不断增强道德建设的时代性和实效性。

(4)坚持提升道德认知与推动道德实践相结合,尊重人民群众的主体地位,激发人们形成善良的道德意愿、道德情感,培育正确的道德判断和道德责任,提高道德实践能力尤其是自觉实践能力,引导人们向往和追求讲道德、尊道德、守道德的生活。

(5)坚持发挥社会主义法治的促进和保障作用,以法治承载道德理念、明确道德导向、弘扬美德义行,把社会主义道德要求体现到立法、执法、司法、守法之中,以法治的力量引导人们向上向善。

（6）坚持积极倡导与有效治理并举，遵循道德建设规律，把先进性要求与广泛性要求结合起来，坚持重在建设、立破并举，发挥榜样示范引领作用，加大突出问题整治力度，树立新风正气、祛除歪风邪气。

（二）把社会公德、职业道德、家庭美德、个人品德建设作为着力点

（1）推动践行以文明礼貌、助人为乐、爱护公物、保护环境、遵纪守法为主要内容的社会公德，鼓励人们在社会上做一个好公民。

（2）推动践行以爱岗敬业、诚实守信、办事公道、热情服务、奉献社会为主要内容的职业道德，鼓励人们在工作中做一个好建设者。

（3）推动践行以尊老爱幼、男女平等、夫妻和睦、勤俭持家、邻里互助为主要内容的家庭美德，鼓励人们在家庭里做一个好成员。

（4）推动践行以爱国奉献、明礼遵规、勤劳善良、宽厚正直、自强自律为主要内容的个人品德，鼓励人们在日常生活中养成好品行。

二、重点任务

（1）筑牢理想信念之基。人民有信仰，国家有力量，民族有希望。信仰信念指引人生方向，引领道德追求。

（2）培育和践行社会主义核心价值观。

（3）传承中华传统美德。

（4）弘扬民族精神和时代精神。以爱国主义为核心的民族精神和以改革创新为核心的时代精神，是中华民族生生不息、发展壮大的坚实精神支撑和强大道德力量。

三、深化道德教育引导

（1）把立德树人贯穿学校教育全过程。

（2）用良好家教家风涵育道德品行。

（3）以先进模范引领道德风尚。

（4）以正确舆论营造良好道德环境。

（5）以优秀文艺作品陶冶道德情操。

（6）发挥各类阵地道德教育作用。

（7）抓好重点群体的教育引导。

四、推动道德实践养成

（1）广泛开展弘扬时代新风行动。

（2）深化群众性创建活动。

（3）持续推进诚信建设。

（4）深入推进学雷锋志愿服务。

（5）广泛开展移风易俗行动。

（6）充分发挥礼仪礼节的教化作用。

（7）积极践行绿色生产生活方式。

（8）在对外交流交往中展示文明素养。

五、抓好网络空间道德建设

（1）加强网络内容建设。

（2）培养文明自律网络行为。

（3）丰富网上道德实践。

（4）营造良好网络道德环境。

六、发挥制度保障作用

（1）强化法律法规保障。

（2）彰显公共政策价值导向。

（3）发挥社会规范的引导约束作用。

（4）深化道德领域突出问题治理。

第三章　职业道德

第一节　职业道德的内涵与特征

一、职业道德的内涵

职业道德是适应人类社会分工发展、社会物质生产与精神生产需要而形成的，是同人们的职业活动直接联系的具有职业特点的道德准则和规范的总和。所谓职业道德是人们在从事各种特定的职业活动过程中应遵循的道德规范和行为准则的总和。

二、职业道德的特征

1. 行业性

各种职业道德经过长期职业活动总结提炼出具体的规章制度来教育、约束本行业从业人员的职业行为，对其他行业不具约束力，具有很强的针对性。

2. 多样性

社会上的职业是丰富多样的，有一种职业就有一种职业道德。

3. 群体性

职业道德包括群体职业道德和个人职业道德。前者是后者的总体体现，后者是前者的基础，二者相辅相成。

4. 继承性

每个时代的职业都有连续性和继承性，所以职业道德也具有明显的继承性，继承前代职业道德的精华。

5. 养成性

职业道德不会自发产生，需要从认识职业道德规则到养成职业道德行为习惯和职业道德信念的过程。

6. 他律与自律结合性

从业人员如果违反了职业道德，会受到来自各方面的谴责，这就是职业道德的他律性。从业人员在内心认同、敬畏和尊崇职业道德，自觉执行职业道德，对自身利益和欲望加以节制，这就是职业道德的自律性。

三、职业道德的作用

（1）职业道德能够调节社会活动中的各种关系。

（2）职业道德有助于维护和提高本行业的信誉。

（3）职业道德有助于促进行业的发展。

（4）职业道德有助于提高全社会的道德水平。

（5）职业道德有助于提高政府的威信，维护党的形象。

第二节　职业道德的基本要素

一、职业道德的基本要素

1. 职业理想

职业理想是从业者对符合自己意愿的职业种类以及所要达到的成就的追求和向往。职业理想是伴随着人生观的确立而逐渐形成的。

2. 职业态度

社会主义职业态度最基本的要求就是树立主人翁的劳动态度。

3. 职业责任

职业责任就是职业团体和从业者被赋予的职权、职责及对社会、对人民所承担的责任和义务要求。职业责任的特点就是在一定程度上具有强制性。如:医务工作者的职业责任就是救死扶伤。

4. 职业技能

职业技能是指从业者完成本职工作、承担职业责任所必须具备的科学文化知识、专业技术能力。良好的职业技能是广大从业者对社会应尽的道德义务。技能称职便是德。

5. 职业纪律

职业纪律要求从业者自觉服从党和国家的统一领导,贯彻党的基本路线、方针和服务单位的管理具体要求标准,遵守工作秩序,这样才能使职业活动正常进行,使社会这台大机器正常运转。

6. 职业良心

从业人员在职业活动中作出行为选择时,职业良心能够起到监督作用,对符合道德要求的情感、意志和信念予以坚持和激励,对不符合道德要求的予以克服,在职业行为整体发展过程中保持正直的人格。职业良心不仅具有调整职业行为的作用,而且有着广泛的社会意义。

7. 职业荣誉

职业荣誉是知耻心、自尊心、自爱心的表现,是职业行为的价值体现或价值尺度,要求从业者刻苦掌握职业技能,严格遵守职业纪律,认真履行职业义务,这样才能赢得职业荣誉。

8. 职业作风

职业作风是指从业人员在其职业活动中表现出来的,体现其职业特点的态度和风格。如:营业员的工作作风应该是热情、周到、耐心。职业作风体现了职业道德要求的精髓,甚至从某种程度上说,职业作风就是职业道德。

第四章 社会主义职业道德

第一节 社会主义职业道德的原则、特征与作用

一、社会主义职业道德的含义

社会主义职业道德是一种新型的职业道德,是社会主义市场经济条件下从事各种职业的劳动者在职业活动中应当遵循的道德规范和行为准则。

二、社会主义职业道德的核心及基本原则

"为人民服务"是社会主义职业道德的核心。

"集体主义"是社会主义职业道德的基本原则。

三、社会主义职业道德的特征

1. 先进性

社会主义职业道德是以公有制为主体的经济基础的反映,反过来又对社会主义经济基础起推动作用。

2. 继承性

社会主义职业道德继承了中华民族优良的职业道德传统,也借鉴、吸收其他民族职业道德的优良成果,不断丰富自己的内涵。

3. 创新性

社会主义职业道德代表着人类职业道德的发展方向。

4. 自觉性

社会主义职业道德不会凭空产生,需要长期教育和自觉培养。

四、社会主义道德建设的作用

(1)有利于调整职业内、外部关系,建立和谐社会。

(2)有利于促进生产力的发展,推进改革开放。

(3)有利于提高人的道德素质,维护社会稳定。

第二节 社会主义职业道德基本规范

一、爱岗敬业

爱岗敬业是社会主义职业道德的基础和核心。

所谓爱岗,是指从业者要热爱自己的工作岗位。敬业,则是指从业人员专心致志地对待自己所从事的职业,从而为社会、他人提供优良的产品或优质的服务。爱岗与敬业相辅相成、相互支持。爱岗是敬业的前提,敬业是爱岗的升华。

爱岗敬业的具体表现如下。

(1)热爱本职,扎实工作。

(2)忠于职守,尽职尽责。

（3）精通业务，勇于创新。

二、诚实守信

诚实守信是为人之本、立事之基、为政之根，是社会主义职业道德的主要内容。

诚实，就是忠诚老实。在社会交往和职业活动中，应忠诚于自己的国家和民族，忠诚于自己服务的单位，忠诚于自己的职业。守信，就是信守诺言，讲信誉，重信用，忠实履行自己应该承担的义务。诚实是守信的思想基础，守信是诚实的外在表现。

诚实守信的具体表现如下。

（1）加强学习，经常反省。

（2）讲究质量，信守合同。

（3）忠诚集体，维护信誉。

三、办事公道

办事公道是处理职业内外关系的重要行为准则，是社会主义职业道德的基本要求。

办事公道是指从业人员在从事职业活动、行使职业权利时，站在客观公正的立场按照同一标准和同一原则公平合理地做事和处理问题。简单地说，就是公平、公正、合理。

办事公道的具体表现如下。

（1）坚持真理，追求正义。

（2）廉洁奉公，不徇私情。

（3）照章办事，一视同仁。

（4）不计个人得失，不惧各种权势。

（5）要有较高的识别能力。

四、服务群众

服务群众是为人民服务精神的集中表现，是社会主义道德建设的核心。

服务群众是为人民服务精神更集中的表现。服务群众作为职业道德的基本规范，要求我们心里装着人民群众，时时刻刻为群众着想，急群众之所急，想群众之所想，忧群众之所忧，乐群众之所乐。一句话，就是全心全意为人民服务。服务群众是党的群众路线在社会主义职业道德方面的具体表现，是社会主义道德中为人民服务这一核心要求的具体体现，是社会主义市场经济对人们提出的道德要求。

服务群众的具体表现如下。

（1）树立服务意识。

（2）端正服务态度。

（3）提高服务质量。

（4）为人民排忧解难。

（5）勇于向人民负责。

五、奉献社会

奉献社会是社会主义职业道德的最高要求，是为人民服务精神的最高体现。

奉献社会的特征为：①自觉自愿地为他人、为社会贡献力量，完全为了增进公共福利而积极劳动;②有热心为社会服务的责任感,充分发挥主动性、创造性,竭尽全力;③不计报酬,完全出于自觉精神和奉献意识。

奉献社会的具体表现为:①坚定信念,履职尽责;②义利相融,重在奉献;③艰苦奋斗,勤奋工作;④加强学习,提高素质。

第五章　企事业单位工作人员职业道德修养

第一节　职业道德修养的含义、特点

一、职业道德修养的含义

职业道德修养是指从业人员按照职业道德基本原则和规范，在职业活动中所进行的自我教育、自我改造、自我完善中使自己形成良好的职业道德品质，是一种自律行为。

二、职业道德修养的特点

（1）外部的影响与约束作用是职业道德修养的初级阶段。

（2）自律是职业道德修养的高级阶段。

（3）从职业道德义务升华到职业道德自觉与习惯，从而达到职业道德修养的最高境界。

第二节　企事业单位工作人员职业道德修养的目标、任务和内容

一、企事业单位工作人员职业道德修养的目标

企事业单位工作人员职业道德修养的根本目标是：要求工作人员自觉养成高尚的职业道德品质，提高整个社会的道德水平。

社会主义初级阶段，企事业单位工作人员职业道德修养的总目标是：努力把自己培养成符合社会主义事业建设和发展需要的有理想、有道德、有文化、有纪律的建设者。

二、企事业单位工作人员职业道德修养的任务

（1）认真学习、实践和体验社会主义道德原则、规范，逐步形成稳定、鲜明的社会主义道德观念，丰富社会主义职业道德情感，培养社会主义职业道德行为和习惯，按照社会主义职业道德原则和规范的要求调节自己的行为，提高自己的社会主义职业道德水平。

（2）自觉摒弃腐朽落后的职业道德观念，自觉抵制资本主义思想和资产阶级生活方式的侵蚀，坚持从社会和集体的整体利益出发，发扬社会主义主人翁精神，充分发挥自己的主动性和创造性，不断进行自我完善。

（3）逐步养成良好的社会主义职业道德品质，以自己的实际行动和不懈努力，为形成强大的社会主义职业道德舆论和职业道德风尚做出贡献，促进社会主义精神文明和物质文明建设。

（4）坚定全心全意为人民服务的观念，牢固树立崇高的社会主义职业道德理想，不断追求，不断进步，努力达到崇高的社会主义职业道德境界。

三、企事业单位工作人员职业道德修养的基本内容

（1）提高职业道德认识。

（2）培养职业道德情感。

（3）锻炼职业道德意志。

（4）养成职业道德习惯。

(5)追求无私奉献的崇高境界。

四、企事业单位工作人员提升职业道德修养的方法

(1)在学习中提高职业道德修养。

(2)在实践中提高职业道德修养。

(3)在积累中提高职业道德修养。

(4)在自律中提高职业道德修养。

五、企事业单位工作人员提升职业道德修养的基本要求

(1)以主人翁的态度对待本职工作。树立干一行爱一行的高尚思想。

(2)努力学习科学文化知识,提高自身能力。

(3)遵守劳动纪律,维护工作秩序。

(4)勤俭节约,团结互助。

六、企事业单位工作人员职业道德修养的基本途径

(1)提高道德认识是职业道德修养的前提条件。

(2)做到知行统一是职业道德修养的根本途径。

(3)汲取借鉴精华是职业道德修养的重要方面。

(4)榜样学习激励是职业道德修养的有效方法。

(5)慎独、自省、自励是职业道德修养的最高境界。

第三节 园林绿化行业职业道德规范

一、公园职工职业道德规范

(1)热爱本职工作,献身公园事业,刻苦钻研业务,熟练操作技能。

(2)培育良种壮苗,种好花草树木,管好园林绿地,美化城市环境。

(3)厉行勤俭节约,珍惜一草一木,发扬互助精神,倡导尊贤爱能。

(4)搞好公园卫生,服务周到热情,加强设施维护,确保游人安全。

(5)遵守劳动纪律,坚守工作岗位,廉洁奉公守法,不以职业谋私。

二、园林绿化工职业道德规范

园林绿化工程质量是由园林绿化工所创造保障的。园林绿化工的责任感、事业心、质量观、业务能力和技术水平等均直接影响工程质量。因此,作为一名园林绿化工应具备的职业道德如下。

(1)遵纪守法,爱岗敬业,献身园林绿化事业。

(2)忠于职守,服从领导,尊重设计师的设计意图,严格按照要求谨慎施工,不偷工减料。

(3)精心施工,确保质量,树立“百年大计,质量第一”的意识。

(4)厉行节约,降低成本,提高经济效益和社会效益。

(5)刻苦学习,积极上进,努力提高自身专业知识与技能水平。

(6)团结协作,尊师爱徒,互相关心帮助,共同提高。

(7)遵章守纪,文明施工,确保生产质量和安全。

(8)爱护各种施工工具和设备。

(9)树立尊重自然、顺应自然、保护自然的生态文明理念,树立环境可持续发展意识。

第四节　职业道德评价

一、职业道德评价的功能

(1)有利于提高工作人员个人道德品质。

(2)有利于引导工作人员形成正确的职业道德取向。

(3)有利于促成工作人员职业道德从意识转化为行为。

(4)有利于弘扬社会正气。

第二部分　法律常识

第六章　法律概述

一、法律的含义

法律是由国家制定或认可，并以国家强制力保证实施的社会规范，反映由特定物质生活条件所决定的统治阶级意志的规范体系。法律是统治阶级意志的体现，是国家的统治工具。

第一节　中国特色社会主义法律体系

一、中国特色社会主义法律体系的构成

中国特色社会主义法律体系，是以宪法为统帅，以法律为主干，行政法规、地方性法规为重要组成部分的法律体系。宪法是由相关法、民法、商法、行政法、经济法、社会法、刑法、诉讼与非诉讼程序法等多个法律部门组成的有机统一整体。

二、中国特色社会主义法律体系的特征

(1)体现中国特色社会主义的本质要求。

(2)体现改革开放和社会主义现代化建设的时代要求。

(3)体现结构内在统一而又多层次的国情要求。

(4)体现继承中国法治文化优秀传统和借鉴人类法制文明成果的文化要求。

(5)体现动态、开放、与时俱进的发展要求。

第二节　宪法

一、宪法的定义

宪法是国家的根本大法，是治国安邦的总章程，适用于国家全体公民，是特定社会政治经济和思想文化条件综合作用的产物，集中反映各种政治力量的实际对比关系，确认革命胜利成果和现实的民主政治，规定国家的根本任务和根本制度，即社会制度、国家制度的原则和国家政权的组织以及公民的基本权利义务等内容。

二、宪法的基本特征

(一)宪法是国家的根本大法

(1)在内容上，宪法规定国家最根本、最重要的问题。

(2)在法律效力上，宪法的法律效力最高。

(3)在制定和修改的程序上，宪法比其他法律更严格。

(二)宪法是公民权利的保障书

宪法最主要、最核心的价值在于保护人权。

三、我国的基本制度

（一）中华人民共和国的根本制度

人民民主专政制度是我国的国家性质，即国体。

中华人民共和国是工人阶级领导的、以工农联盟为基础的人民民主专政的社会主义国家。社会主义制度是中华人民共和国的根本制度。

（二）中华人民共和国的根本政治制度

中华人民共和国是工人阶级领导的、以工农联盟为基础的人民民主专政的社会主义国家。国家的一切权利属于人民。人民代表大会制度是国家的根本政治制度。

（三）中华人民共和国的基本经济制度

中华人民共和国的社会主义经济制度的基础是生产资料的社会主义公有制，即全民所有制和劳动群众集体所有制。

四、我国公民的基本权利和义务

（一）我国公民的基本权利

（1）平等权。

（2）政治权利和自由。

（3）人身自由权。

（4）宗教信仰自由。

（5）社会经济、文化权利。

（6）权利救济的权利：①监督权；②获得赔偿权。

（7）特定人的权利。

（二）我国公民的基本义务

（1）维护国家统一和民族团结的义务。

（2）遵纪守法和尊重社会公德的义务。

（3）维护祖国的安全、荣誉和利益的义务。

（4）保卫祖国、抵抗侵略，依法服兵役和参加民兵组织的义务。

（5）依法纳税义务。

（6）其他义务。

五、我国的国家机构

我国的最高国家机关可简单概括为全国人民代表大会领导下的“一府一委两院制”。其中，“一府”指的是国务院，“一委”指的是国家监察委员会，“两院”指的是最高人民法院和最高人民检察院。

我国的国家机关包括：

（1）全国人民代表大会及其常务委员会；

（2）中华人民共和国主席；

（3）国务院；

（4）中央军事委员会；

（5）地方国家机关；

（6）民族区域自治地方的自治机关；

（7）监察委员会；

（8）人民法院；

（9）人民检察院。

第七章　实体法

一、法律根据规定内容的不同来进行划分，可以分为实体法和程序法。

（1）实体法是指规定具体权利义务内容或者法律保护的具体情况的法律，如民法、刑法等。

（2）程序法是规定以保证权利和职权得以实现或行使，义务和责任得以履行的有关程序为主要内容的法律，如行政诉讼法、行政程序法、民事诉讼法、刑事诉讼法、立法程序法等。

第一节　民法

一、民法的定义

民法是调整平等主体之间的人身关系和财产关系的法律规范的体系。

二、民法的基本原则

（1）平等原则。

（2）自愿原则。

（3）公平原则。

（4）诚实信用原则。

（5）守法原则。

（6）公序良俗原则。

（7）禁止权利滥用原则。

三、民事法律关系

（1）民事法律关系由主体、客体、内容三部分构成。

（2）民事主体是指参加民事法律关系、享有民事权利并承担民事义务的人，即自然人和法人。

（3）民事客体指民事权利义务所指向的对象。

（4）民事内容即民事权利和民事义务。

四、民事权利和民事责任

（一）民事权利

民事权利简单地说，就是权利主体对实施还是不实施一定行为的选择权。

（二）民事责任

民事责任是指民事主体在民事活动中，因实施了民事违法行为，根据民法所承担的对其不利的民事法律后果或者基于法律特别规定而应承担的民事法律责任。

第二节 刑法

一、刑法

(一)刑法的定义

刑法是以国家名义颁布的,规定犯罪及其法律后果的法律规范的总和。

(二)刑法的基本原则

我国刑法的基本原则是:①罪刑法定原则;②法律面前人人平等原则;③罪刑相适应原则。

二、犯罪

(一)犯罪的概念

犯罪是具有社会危害性、刑事违法性与应受刑罚处罚性的行为。

(二)犯罪的特征

犯罪具有以下特征。

(1)社会危害性。

(2)刑事违法性。

(3)应受刑罚处罚性。

(三)共同犯罪

共同犯罪是指二人以上共同故意犯罪。

(四)犯罪构成

犯罪构成是指依照中国刑法规定,决定某一具体行为的社会危害性及其程度,为该行为构成犯罪所必需的一切客观和主观要件的有机统一,是使行为人承担刑事责任的依据。

任何一种犯罪的成立都必须具备四个方面的构成要件,即犯罪客体、犯罪客观方面、犯罪主体、犯罪主观方面。

三、正当防卫

正当防卫是对危害国家、公共利益、本人或者他人的人身、财产和其他权利正在实施侵害的行为采取不超过必要限度的制止性的损害行为。

四、紧急避险

紧急避险是指为了使国家、公共利益、本人或者他人的人身、财产和其他权利免受正在发生的危险,不得已给另一较小合法权益造成损害的行为。如抗洪抢险采取的分洪措施就是紧急避险的典型案例。紧急避险不负刑事责任。

第八章　程序法

第一节　民事诉讼法

一、民事诉讼的概念

民事诉讼是指法院在当事人和其他诉讼参与人参加下，审理解决民事案件的活动以及由这种活动所产生的诉讼关系的总和。

二、民事诉讼法

民事诉讼法是国家立法机关制定的，用来规定法院、当事人和其他诉讼参与人的诉讼活动，并调整他们之间相互关系的法律规范。

三、民事诉讼法的效力

（一）对人的效力

民事诉讼法适用于在人民法院进行民事诉讼活动的一切人，包括国人、无国籍人、外国企业和组织。

（二）对事的效力

（1）民法调整的平等主体之间的财产关系纠纷和人身关系纠纷。

（2）法律规定适用民事诉讼程序处理的其他纠纷。如劳动争议案件，选民资格案件，宣告公民失踪、宣告死亡等非诉讼案件。

（三）空间效力

根据民事诉讼法第四条的规定：凡是在中华人民共和国领域内进行民事诉讼，均适用民事诉讼法。

第二节　刑事诉讼法

一、刑事诉讼的概念

刑事诉讼是指国家司法机关在刑事诉讼参与人的参加下，依法揭露犯罪、证实犯罪和惩罚犯罪的活动。

二、刑事诉讼法

刑事诉讼法是规定司法机关和刑事诉讼参与人进行诉讼所必须遵守的法律规范的总称，是专门规定惩罚犯罪的程序和制度方面的法律。

三、刑事诉讼法的特殊原则

（1）公检法分工负责，互相配合，互相制约的原则。

（2）被告人有权获得辩护的原则。

（3）未经人民法院依法判决，对任何人不得确定有罪的原则。

（4）检察机关对刑事诉讼依法监督原则。

第三节 行政诉讼法

行政诉讼、民事诉讼、刑事诉讼并列为三大基本诉讼制度。

行政诉讼是指公民、法人或者其他组织在认为行政机关及其工作人员的行政行为侵犯自己的合法权益时,依法向法院请求司法保护,由法院对行政行为进行审查和裁判的一种诉讼活动。

行政诉讼法是为保证人民法院公正、及时审理行政案件,解决行政争议,保护公民、法人和其他组织的合法权益,监督行政机关依法行使职权而制定的法律。

行政行为是指行政主体行使行政职权,作出的能够产生行政法律效果的行为。

行政纠纷的解决必须经过行政复议和行政诉讼两个阶段。

附　　录

常见花卉图片

矮牵牛 三色堇 羽衣甘蓝

二月兰 彩叶草 鼠尾草

万寿菊 金盏菊 孔雀草

百日草 波斯菊 翠菊

天人菊 黑心菊 一串红

朱顶红　水仙　大花葱

百合　葡萄风信子　风信子

郁金香　红花酢浆草　紫叶山酢浆草

荷包牡丹　花毛茛　射干

唐菖蒲　大丽花　八宝景天

长寿花　天竺葵　蝴蝶花

黄菖蒲　鸢尾　随意草

薰衣草　黄帝菊　菊花

大滨菊　勋章菊　银叶菊

荷兰菊　紫露草　柳叶马鞭草

美女樱

耧斗菜

芍药

山桃草

蜀葵

五星花

萱草

火炬花

玉簪

羽扇豆

绣球

矾根

蒲包花

常见树木图片

常绿类裸子植物

苏铁　华山松

云杉　油松

白皮松　柳杉

粗榧

罗汉松

侧柏

刺柏

圆柏

龙柏

落叶类裸子植物

银杏

水杉

常绿类阔叶树木

樟树

海桐

蚊母

枇杷

石楠

大叶女贞

小叶黄杨

大叶黄杨

棕榈

雀舌黄杨

珊瑚树

落叶类阔叶树木

垂柳　旱柳

栾树　泡桐

毛白杨　梧桐

朴树

构树

榆树

无花果

桑树

鹅掌楸

合欢

皂荚

悬铃木

刺槐

国槐

臭椿

香椿

苦楝

丝绵木

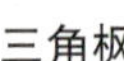

三角枫

元宝枫

茶条槭

五角枫

白蜡

柿树

锌树

毛俫木

君迁子

核桃树

杜仲

七叶树

常绿类观赏花木

阔叶十大功劳

狭叶十大功劳

枸骨

南天竹

凤尾兰

洒金东瀛珊瑚

八角金盘

金丝桃

红花继木

广玉兰

夹竹桃

月季

木槿

木芙蓉

石榴

丁香

迎春

迎夏

连翘

木绣球

锦带花

紫玉兰

二乔玉兰

白玉兰

金银木

火棘

珍珠梅

黄栌

红瑞木

鸡爪槭

紫荆

棣棠

杏

金线吊蝴蝶

柽柳

紫薇

平枝荀子

黄刺玫

藤本树种

常春藤

扶芳藤

木香

凌霄花

五叶地锦

金银花

爬山虎

紫藤

竹　类

刚竹

凤尾竹

阔叶箬竹

参 考 文 献

[1] 马建伟. 植物基础知识 [M]. 北京：中国劳动社会保障出版社，2004.

[2] 朱念德. 植物学（形态解剖部分）[M]. 广州：中山大学出版社，2000.

[3] 吴万春. 植物学 [M]. 广州：华南理工大学出版社，2004.

[4] 曲向东. 园林景观中植物类群研究 [J]. 乡村科技，2017（3）：41-42.

[5] 贾东坡. 园林植物 [M]. 重庆：重庆大学出版社，2006.

[6] 宋德勋. 药用植物（中药专业）[M]. 北京：中国中医药出版社，2003.

[7] 吴国芳. 植物学 [M]. 北京：高等教育出版社，1991.

[8] 陈忠辉. 植物与植物生理 [M]. 北京：中国农业出版社，2001.

[9] 钱军. 园林树木知识 [M]. 北京：中国劳动社会保障出版社，2004.

[10] 王传凯，覃文显. 植物生产与环境 [M]. 北京：中国农业出版社，2001.

[11] 裘晓雯. 森林景观植物 [M]. 北京：中国林业出版社，2005.

[12] 路金才. 药用植物学 [M]. 北京：中国医药科技出版社，2006.

[13] 何国生. 森林植物 [M]. 北京：中国科学技术出版社，1994.

[14] 苏效民. 科学教师教学用书：第 4 册 [M]. 北京：首都师范大学出版社，2005.

[15] 张逸民，韩盛昌. 土壤与肥料学 [M]. 北京：科学技术出版社，1989.

[16] 郑瑾. 绿化工（高级）[M]. 北京：中国劳动社会保障出版社，2005.

[17] 范树春. 土壤与肥料 [M]. 北京：中国劳动社会保障出版社，2014.

[18] 罗汝英. 土壤学 [M]. 北京：中国林业出版社，1981.

[19] 陈有民. 园林树木学 [M]. 北京：中国林业出版社，1990.

[20] 王荫槐. 土壤肥料学 [M]. 北京：中国农业出版社，1996.

[21] 陶振国. 园林植物保护 [M]. 北京：中国劳动社会保障出版社，2013.

[22] 武三安. 园林植物病虫害防治 [M].2 版. 北京：中国林业出版社，2006.

[23] 张亚玲. 西安园林植物常见病虫害防治手册 [M]. 西安：陕西科学技术出版社，2018.

[24] 俞玖. 园林苗圃学 [M]. 北京：中国林业出版社，1988.

[25] 刘晓东，韩有志. 园林苗圃学 [M]. 北京：中国林业出版社，2011.

[26] 马建伟. 园林植物生产技术 [M]. 北京：中国劳动社会保障出版社，2004.

[27] 郭学满，包满珠. 园林树木栽植养护学 [M].2 版. 北京：中国林业出版社，2004.

[28] 孙时轩. 造林学 [M]. 2 版. 北京：中国林业出版社，1992.

[29] 王连英，秦魁杰. 花卉学 [M]. 北京：中国林业出版社，2011.

[30] 马建伟. 园林植物生产技术 [M]. 2 版. 北京：中国劳动社会保障出版社，2014.

[31] 鞠志新. 花卉学 [M]. 北京：化学工业出版社，2016.

[32] 常美花. 花卉育苗技术手册 [M]. 北京:化学工业出版社,2019.
[33] 卜复鸣. 园林花卉知识 [M]. 北京:中国劳动社会保障出版社,2014.
[34] 黄定华. 花卉花期调控新技术 [M]. 北京:中国农业出版社,2009.
[35] 郭玉梅. 园林绿地设计 [M]. 北京:中国劳动社会保障出版社,2004.
[36] 蒲亚云. 绿化工 [M]. 成都:电子科技大学出版社,2004.
[37] 陆金森. 园林绿地施工与养护 [M]. 2 版. 北京:中国劳动社会保障出版社,2014.
[38] 赵绍鸿. 马克思主义哲学原理 [M]. 北京:中国财政经济出版社,2011.
[39] 闫洞宾.2018 版职业道德基础 [M]. 西安:西北大学出版社,2018.
[40] 郑平. 职业道德 [M].2 版. 北京:中国劳动社会保障出版社,2007.
[41] 宦平. 职业指导 [M].2 版. 北京:中国劳动社会保障出版社,2005.

说 明

本教材所用图片来源于盛永利编著的《图解景观植物设计》、百度图片库以及自拍照片。